Katy Huang

Atividade física das crianças num bairro de baixos rendimentos na China

Katy Huang

Atividade física das crianças num bairro de baixos rendimentos na China

ScienciaScripts

Imprint

Cover image: www.ingimage.com

This book is a translation from the original published under ISBN 978-3-659-80006-1.

Publisher:
Sciencia Scripts
is a trademark of
Dodo Books Indian Ocean Ltd. and OmniScriptum S.R.L publishing group

120 High Road, East Finchley, London, N2 9ED, United Kingdom
Str. Armeneasca 28/1, office 1, Chisinau MD-2012, Republic of Moldova, Europe
Printed at: see last page
ISBN: 978-620-8-05297-3

ÍNDICE DE CONTEÚDOS

RESUMO

Antecedentes: Este estudo teve como objetivo explorar a forma como o ambiente físico e social de um bairro influenciava a atividade física das crianças, na perspetiva das crianças e dos prestadores de cuidados. Utilizou como cenário um bairro de baixos rendimentos em Pequim e centrou-se em crianças de meia-idade. **Métodos:** Guiados pelo Modelo Ecológico Urbano para o Ambiente e o Comportamento Saudável, foram realizadas entrevistas semi-estruturadas (n=28 crianças e n=26 prestadores de cuidados) e discussões em grupos de discussão (n=26 crianças). Foi utilizada a análise de conteúdo para codificar e categorizar os dados e determinar tópicos e temas. **Resultados:** As percepções e atitudes gerais das crianças e dos prestadores de cuidados referiam-se ao facto de o seu ambiente físico e social não ter os espaços abertos disponíveis, acessíveis e apropriados que desejavam e de isso impedir a atividade física das crianças, contribuindo para os seus receios de lesões acidentais e danos sociais. **Conclusão:** Os resultados e as recomendações, tanto do ponto de vista do planeamento urbano como da saúde pública, podem orientar o planeamento futuro e as políticas sociais para promover as brincadeiras e as actividades ao ar livre, essenciais para o desenvolvimento das crianças em bairros vulneráveis.

AGRADECIMENTOS

Este projeto de tese e este artigo não teriam sido possíveis sem o apoio do corpo docente do Mestrado em Desenvolvimento e Gestão Internacional da Universidade de Lund, na Suécia, e do corpo docente da Graduate School of Landscape Architecture (GSLA) da Universidade de Pequim, na China. Obrigado ao Professor Associado da GSLA, Xili Han, e aos estudantes de pós-graduação, Dong Wang, Da Xiong Pan, Apple Wu e Ma Li, pelo vosso apoio e amizade; à Olie, por toda a vossa perspicácia e amor; ao Adrian, por andar de bicicleta pelos hutongs; e à mãe e ao pai, pelo vosso amor incondicional e paciência durante as últimas semanas cruciais, e durante toda a minha vida. Acima de tudo, quero agradecer às crianças e aos prestadores de cuidados que partilharam as suas valiosas experiências e pensamentos.

CAPÍTULO 1. INTRODUÇÃO

A atividade física é essencial para o crescimento e desenvolvimento global das crianças. Estas necessitam de formas organizadas e não organizadas de brincadeira e exercício para se desenvolverem fisicamente e satisfazerem a sua necessidade de interação social. Uma vez que o ambiente das crianças influencia significativamente o nível e a qualidade da sua atividade física, é fundamental que elas tenham acesso a uma variedade de espaços estimulantes e seguros que lhes permitam brincar. No entanto, o aumento global da urbanização alterou as paisagens físicas e sociais das cidades que são frequentemente caracterizadas por uma elevada densidade, expansão urbana descontrolada, falta de espaços abertos, desigualdades económicas e um aumento dos estilos de vida sedentários (Galea & Vlahov, 2005:7, UNPOP, 2008:28). Estes factores colocam desafios à atividade física e ao bem-estar das crianças, especialmente nos bairros de baixos rendimentos. Assim, a crescente literatura que explora a relação entre o ambiente urbano e a atividade física das crianças reconhece a necessidade de promover a atividade física (Bartlette, 2002:4).

O facto de o espaço planeado nem sempre estar disponível ou mesmo acessível em muitos bairros de baixos rendimentos na China coloca alguns desafios àqueles que trabalham para aumentar as oportunidades de desenvolvimento humano e de socialização das crianças, satisfazendo a sua necessidade de brincar. Os limites e as restrições do ambiente físico, as atitudes dos pais/cuidadores e as percepções relativas à segurança dos seus filhos também representam outros desafios. Este documento apresenta uma visão geral e os resultados obtidos num estudo qualitativo realizado com crianças chinesas com idades compreendidas entre os 6 e os 12 anos, os seus prestadores de cuidados e os trabalhadores comunitários sobre o espaço de recreio disponível, o que é desejável e a forma como lidam atualmente com a questão da diminuição do espaço de recreio.

1.1 Antecedentes do estudo

De acordo com os principais dados da Organização Mundial de Saúde (OMS) em 2010, o excesso de peso e/ou a obesidade eram o quinto principal fator de risco de morte a nível mundial. As implicações estendem-se a outras doenças não transmissíveis, como as doenças cardiovasculares, o cancro, a diabetes e as doenças mentais (OMS, 2010:8).

A obesidade a nível mundial mais do que duplicou desde 1980. A obesidade infantil tornou-se um sério desafio mundial. Cerca de 35 milhões de crianças com excesso de peso vivem nos países em desenvolvimento e 8 milhões nos países desenvolvidos.

Estas crianças têm mais probabilidades de se tornarem adultos obesos e de desenvolverem doenças não transmissíveis (ibid:8). Outrora considerado um problema dos países de rendimento elevado, o excesso de peso e a obesidade estão agora a aumentar nos países de rendimento baixo e médio, particularmente nos meios urbanos (OMS, 2011). A China parece estar a seguir essa tendência. Em 2002, a prevalência de crianças com excesso de peso na China era de 27,7% nos rapazes e 14,1% nas raparigas (Cheng, 2004:365).

Embora a urbanização ofereça muitos benefícios aos habitantes das cidades, as pessoas que vivem em bairros de baixos rendimentos nessas cidades são desproporcionadamente afectadas por um planeamento urbano deficiente, habitação de baixa qualidade, falta de espaços verdes e degradação ambiental (UNPOP, 2008:28). Além disso, as disparidades económicas manifestam-se frequentemente em padrões espaciais de segregação social com base no rendimento, colocando a saúde das crianças mais pobres em maior risco (Hornberg & Pauli, 2007:572). Assim, as crianças mais vulneráveis são as que vivem em bairros de baixos rendimentos, onde é mais provável que enfrentem barreiras à atividade física causadas pela falta de espaços abertos disponíveis, acessíveis e adequados (ibid:572, Castonguay & Jutras, 2009: 101).

A atividade física não só protege as crianças de problemas de saúde, como também contribui para o seu desenvolvimento mental e social global. As crianças com níveis de atividade adequados têm menos probabilidades de sofrer de depressão e de ter baixa autoestima (Floriani & Kennedy 2008:92). Além disso, o jogo promove a construção das suas redes sociais (Veitch, Salmon & Ball, 2010:8). As crianças chinesas estão sob uma pressão extrema para se destacarem academicamente e, eventualmente, obterem diplomas universitários. Por conseguinte, a maioria das crianças passa a maior parte do tempo a fazer os trabalhos de casa e a estudar, em vez de brincar ou participar em actividades físicas extracurriculares (ibid:365).

A OMS desenvolveu um Plano de Ação 2008-2013 para uma estratégia global de prevenção e controlo das doenças não transmissíveis, incluindo uma componente específica sobre a promoção da atividade física. Este plano baseou-se, em grande parte, em recomendações anteriores de que as crianças com idades compreendidas entre os 5 e os 17 anos recebessem pelo menos 1 hora diária de atividade física moderada a vigorosa (OMS, 2010:20). As recomendações do novo plano eram:

i. desenvolver e aplicar orientações nacionais sobre a atividade física para a saúde;

ii. implementar programas baseados nas escolas, em conformidade com a iniciativa da

OMS relativa às escolas promotoras da saúde;

iii. garantir que os ambientes físicos apoiem deslocações pendulares activas e seguras e criem espaço para actividades recreativas.

Com base nas estatísticas disponíveis na altura em que este estudo foi realizado, apenas 23,2% das crianças do ensino secundário em Pequim cumpriam a recomendação de 1 hora (BHB, n.d:27). Cientes destes factos e reconhecendo a necessidade de ajudar as crianças na China a prosperar, é necessário compreender melhor e abordar a relação entre as influências dos bairros de baixos rendimentos e a inatividade física.

Os modelos ecológicos existentes, cientificamente testados, sugerem que o comportamento em matéria de saúde é influenciado por factores pessoais e interpessoais e por ambientes físicos e sociais (Sallis, Owen & Fisher, 2008: 468). A literatura sobre a atividade física das crianças pode ser encontrada no contexto do ambiente escolar, dos parques, dos recreios, dos espaços verdes ou do espaço público. Apesar de se saber que o bairro é um ambiente importante para o desenvolvimento da criança, a investigação sobre a atividade física das crianças nos bairros é limitada (Hume, Salmon & Ball, 2005:1). Embora os estudos sobre os efeitos da atividade física das crianças examinem frequentemente a influência do seu ambiente físico, poucos exploram os efeitos do ambiente social (Hume et al, 2009:638). Embora os estudos que documentam os problemas de saúde na China estejam a aumentar, a investigação sobre a atividade física, em particular no contexto do bairro, ainda não existe (Wen et al, 2010:453). Para complicar ainda mais a questão, existe atualmente uma falta de investigação publicada em inglês que se centre nos ambientes dos bairros com baixos rendimentos e na atividade física das crianças na China. Além disso, os bairros urbanos de baixos rendimentos, onde se concentram as consequências ambientais sociais e físicas da urbanização, precisam de ser explorados para contribuir para as discussões e intervenções que promovam a saúde de todas as crianças que vivem nas cidades.

1.2 Questões de investigação

Este estudo visava explorar a forma como o ambiente físico e social de um bairro de baixos rendimentos influenciava a atividade física das crianças, na perspetiva das crianças e dos prestadores de cuidados. Utilizou como cenário um bairro de baixos rendimentos em Pequim e centrou-se em crianças com idades compreendidas entre os 6 e os 12 anos, que podiam explorar bastante o seu bairro, mas que, no entanto, experimentavam os limites da autoridade dos prestadores de cuidados (Valentine & McKendrick, 1997:220). A investigação foi concebida para responder à seguinte questão principal:

1. Como é que as percepções e atitudes das crianças chinesas e dos prestadores de cuidados sobre o ambiente do seu bairro influenciam a atividade física das crianças?

As perguntas secundárias que apoiam a pergunta principal são as seguintes

1.1.Quais são as opiniões e experiências gerais sobre a atividade física das crianças chinesas no bairro?

1.2.Quais são as opiniões e experiências gerais sobre as oportunidades e os obstáculos à atividade física das crianças chinesas no bairro?

1.3.Que actividades lúdicas e ambiente de vizinhança desejam as crianças chinesas e os seus cuidadores?

CAPÍTULO 2. QUADROS CONCEPTUAIS

Para fornecer o contexto e formular ideias para consideração neste estudo, foram utilizados modelos ecológicos. Estes modelos forneceram orientações para compreender a emergência de múltiplos factores e níveis de influência que o ambiente urbano tem ou pode ter na atividade física das crianças. De suma importância para este estudo foi uma revisão da literatura efectuada sobre vários modelos ecológicos habitualmente utilizados na investigação da relação entre os indivíduos e o seu ambiente no comportamento de saúde num contexto interdisciplinar (Bronfenbrenner, 1994:37). O "Modelo Ecológico Urbano sobre Ambiente e Comportamento de Saúde" (MEU), inspirado em modelos ecológicos, consiste num compêndio de teorias relacionadas com o desenvolvimento humano. É particularmente útil para a conceção de estudos qualitativos no âmbito da investigação em ciências sociais que exploram factores relacionados com o desenvolvimento infantil (Dwyer et al, 2008:68, Hume et al, 2009:637; Veitch et al, 2006:384).

2.1 Antecedentes do modelo ecológico

A teoria dos sistemas de Urie Bronfenbrenner estabelece um padrão bioecológico (modelo) para compreender o desenvolvimento da criança até à idade adulta no âmbito de uma série de cinco contextos (micro, meso, macro, exo e crono) em que a criança, em determinados pontos do desenvolvimento, é um participante ativo ou passivo. Para efeitos do presente estudo, o enfoque é colocado em três dos cinco contextos sistémicos (micro, meso e, em menor grau, macro). A teoria, introduzida na década de 1970, criou um quadro para explicar o desenvolvimento e o comportamento humanos, começando com as influências mais próximas do indivíduo e irradiando depois para a sociedade em geral. Uma das actividades de investigação pioneiras de Bronfenbrenner estudou os efeitos do ambiente de vizinhança no desenvolvimento das crianças em Berlim. (Bronfenbrenner 1994:37). Nesse estudo, Bronfenbrenner desenvolveu os níveis de influência ambiental e identificou as suas fontes.

Reconhecendo que cada sistema tem o seu significado particular, os três sistemas que mais influenciam esta investigação são o microssistema, o mesossistema e o macrossistema (Sallis, Owen & Fisher, 2008: 468). O microssistema *(i.e.,* família, pares, vizinhança) é o sistema no qual o indivíduo tem as interações mais diretas com os agentes/actores sociais. É neste sistema social íntimo, que engloba as relações e interações que as crianças têm com o seu ambiente imediato, que os indivíduos podem ser participantes activos, no sentido em que são capazes de ajudar a construir e a dar sentido ao seu ambiente (Berk, 2000). É também neste contexto que se situa, em primeiro lugar e acima de tudo, esta investigação que envolve crianças e prestadores de cuidados chineses relativamente ao bairro e à atividade física. Como já foi referido, o microssistema é a camada mais próxima da criança e contém as estruturas com as quais a criança tem contacto direto. É a este nível que as relações têm um impacto bidirecional - tanto para a criança como para fora dela. Por exemplo, os pais de uma criança podem afetar as suas crenças e o seu comportamento; no entanto, a criança também afecta o comportamento e as crenças dos seus pais. Bronfenbrenner chama a estas *influências bidireccionais* e mostra como ocorrem em todos os níveis do ambiente. Ao nível do microssistema, as influências bidireccionais são mais fortes e têm o maior impacto na criança ao longo da vida.

Em segundo lugar, o mesossistema é um contexto intermédio, que começa a fazer a transição do indivíduo mais para o exterior socialmente, estabelecendo ligações entre os agentes sociais do microcontexto e outras influências mais expansivas *(ou seja,* igreja, bairro, escola). Assim, as ligações entre as influências que a criança conhece no microssistema começam a interagir com outros sistemas sociais externos que irão moldar ainda mais a perceção.

Em terceiro lugar, o macrossistema envolve os vastos sistemas sociais, políticos, económicos e culturais, repletos de leis, costumes e valores (Bronfenbrenner, 1994). Os efeitos dos factores sociais mais amplos do macrossistema têm uma influência em cascata nas interações de todos os outros sistemas (Berk, 2000). Esta afirmação é especialmente importante porque a cultura e as crenças de uma sociedade afectam as estruturas em que os pais tomam decisões e funcionam.

Para complementar a ênfase da Teoria dos Sistemas no desenvolvimento bio-ecológico social e na integração na sociedade em contextos sociais, o Modelo Social Ecológico para a Promoção da Saúde tem em conta a influência do ambiente construído e natural no comportamento de saúde. Este modelo tem quatro pressupostos fundamentais:

i. O comportamento em matéria de saúde é influenciado pelas caraterísticas do indivíduo e pela sua relação com o ambiente social e físico;

ii. Os ambientes são multidimensionais - podem ser reais (objectivos), percepcionados (subjectivos), conceptuais (clima político) ou discretos (estruturas espaciais);

iii. As interações ocorrem a todos os níveis de agregação (indivíduo, família, comunidade, sociedade); e

iv. As pessoas e o seu ambiente envolvem-se num ciclo causal em que as pessoas influenciam o seu ambiente e, por sua vez, o ambiente influencia o seu comportamento (Sallis, Owen & Fisher, 2008:469).

Para além disso, o aspeto multidimensional do Modelo Ecológico Social dita a necessidade de triangular os métodos (Sallis, Owen & Fisher, 2008:473). Embora, historicamente, este modelo tenha sido mais utilizado na promoção da saúde, na psicologia e nas ciências sociais, a inclusão de factores multissistémicos, como o ambiente físico, a economia e a política, promove a investigação interdisciplinar (Stokol, 2006: 64).

2.2 Desenvolvimento de modelos ecológicos urbanos

Model 1. Urban Ecological Model of Environment and Health Behaviour

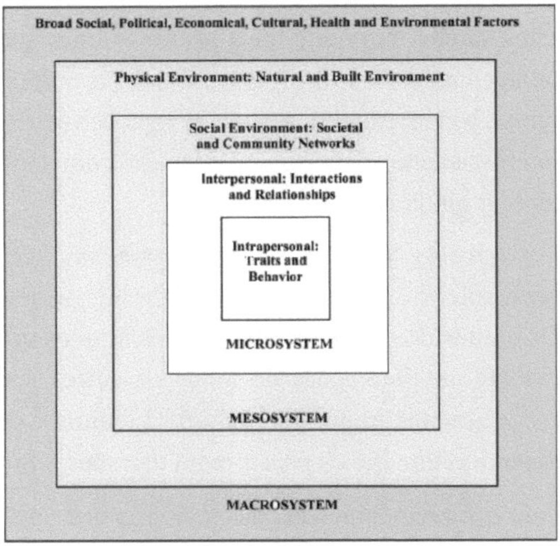

Este modelo é particularmente adequado para quem se preocupa com questões de ambiente e saúde, ou para quem trabalha no domínio do planeamento/desenho urbano e da saúde pública. A Teoria dos Sistemas e o Modelo Social Ecológico para a Promoção da Saúde apoiam o estudo abrangente das interações multinível e multifactoriais entre os indivíduos e o seu ambiente e inspiraram o desenvolvimento do quadro concetual do "Modelo Ecológico Urbano sobre Ambiente e Comportamento de Saúde" (MEU) utilizado neste estudo. A palavra "urbano" realça a contribuição do ambiente construído, por oposição aos contextos periurbanos ou rurais. Este ambiente construído representa os seus próprios desafios e influências únicos em contextos de vizinhança. Ao contrário do desenvolvimento humano, que é moldado por interações naturais com agentes sociais, o ambiente construído é feito pelo homem e possivelmente imposto por interações predominantes do macrossistema.

O conceito de "Comportamento de Saúde" examina as acções (ou inacções) que uma pessoa (ou população) toma para prevenir a doença e manter, atingir ou recuperar a saúde. Por conseguinte, este modelo tem como pressuposto subjacente que a perceção e a atitude de um indivíduo em relação ao seu ambiente influenciam o seu comportamento em matéria de saúde. Embora existam muitos modelos de comportamento de saúde bem documentados que descrevem este processo, tais como a Teoria da Ação Fundamentada (que afirma que o comportamento é determinado por intenções comportamentais moldadas pelas atitudes e normas de um indivíduo) (Montagno & Kasprzyk, 2008:68), ou a Teoria Social Cognitiva (que enfatiza que o comportamento de saúde é o resultado da interação dinâmica e do "determinismo recíproco" entre os indivíduos, o seu ambiente e o comportamento) (McAlister, Perry & Parcel, 2008:167), o MEU não é exclusivo de um modelo.

A UEM proporcionou ao investigador (o escritor, um estudante de Mestrado em Desenvolvimento e Gestão Internacional na Universidade de Lund com formação em Saúde Pública) e à equipa de apoio (professor supervisor e quatro estudantes da Graduate School of Landscape Architecture da Universidade de Pequim) uma base comum para a investigação multidisciplinar e interdisciplinar.

O UEM utiliza os três níveis de influência da Teoria dos Sistemas no comportamento individual (microssistema, mesossistema e macrossistema) e incorpora a ênfase do Modelo Social Ecológico no ambiente construído e natural no mesossistema. Os três níveis do sistema são interdependentes e inter-relacionados (ver Modelo 1). A seguir, utiliza-se o MEU para definir as relações entre os níveis do sistema na investigação:

i. O microssistema diz respeito a factores ou caraterísticas intrapessoais, como a demografia, o estatuto socioeconómico, as crenças, o conhecimento, a perceção, a atitude e os valores que influenciam o comportamento. Além disso, examina a dinâmica interpessoal entre as crianças e os prestadores de cuidados (pais, avós) e a forma como estes são afectados pelo ambiente do bairro (o mesossistema). Uma vez que os prestadores de cuidados têm a responsabilidade de influenciar o comportamento das crianças, estas e os prestadores de cuidados são considerados uma díade (Loprinzi & Trost, 2010:129). Por conseguinte, é importante compreender as percepções e atitudes das crianças e dos prestadores de cuidados sobre o ambiente do bairro que influenciam o comportamento.

3 O mesossistema diz respeito ao ambiente físico e social do bairro. O ambiente físico constitui o ambiente natural e construído do bairro. O ambiente social diz respeito aos sistemas sociais imediatos dos participantes, como os amigos, os vizinhos e as organizações comunitárias, bem como às interações entre as diferentes redes sociais no contexto do ambiente físico. Para as crianças, o bairro é um ambiente fundamental onde a atividade física tem lugar. A investigação sobre a influência a nível da vizinhança é limitada, concentrando-se a maioria no ambiente físico (Hume et al, 2009: 637). Uma vez que a atividade física é uma atividade social importante, uma

exploração abrangente da vizinhança tem de incluir factores sociais (ibid:638).

4 O macrossistema representa todos os outros factores sociais, políticos, económicos, culturais e ambientais gerais que interagem com o mesossistema e o microssistema.

CAPÍTULO 3. ENQUADRAMENTO TEÓRICO

Este estudo explora os efeitos do mesossistema (ambiente físico e social do bairro) sobre o microssistema. Embora não se dê ênfase ao macrossistema, são analisadas questões relevantes para fornecer o contexto necessário. Assim, o enquadramento teórico consistiu numa revisão da literatura sobre investigação, conceitos e teorias apresentados nos três sistemas, numa perspetiva de planeamento/conceção urbana e de saúde pública. O quadro teórico apoiou a análise e a discussão dos resultados.

3.1Microssistema

As experiências de atividade física das crianças variam drasticamente em função de caraterísticas pessoais como o sexo, a atitude e os valores. Uma caraterística particularmente importante é a fase de desenvolvimento da criança. As teorias do desenvolvimento infantil salientam a importância dos pais, avós e irmãos na formação do crescimento e desenvolvimento das crianças na primeira infância. No entanto, à medida que a criança cresce e ganha independência, o seu contexto social e físico alarga-se (Parke, 2011:10). Através do jogo e da atividade física, as crianças desenvolvem as competências físicas, sociais e cognitivas necessárias e essenciais ao seu bem-estar e à sua função na sociedade. De acordo com os estádios de desenvolvimento psicossocial de Erik Erikson, as crianças entram na "fase do jogo" aos três anos de idade, quando pretendem ganhar domínio sobre o seu ambiente. As suas brincadeiras e interações tornam-se mais sociais à medida que avançam para a "fase da indústria", entre os três e os seis anos de idade, onde pretendem ganhar um sentido de orgulho e realização através de interações com os pais, professores e colegas (Parke, 2011:14). Enquanto Erikson enfatiza os aspectos sociais do desenvolvimento, os estágios de desenvolvimento cognitivo de Jean Piaget descrevem que as crianças em idade escolar são capazes de raciocinar logicamente e organizar objectos que percebem do seu ambiente (ibid, 2011:23). Embora seja importante explorar a atividade física das crianças em todas as idades, as crianças em idade escolar são únicas na medida em que começam a ganhar independência dos prestadores de cuidados e são capazes de explorar mais livremente o seu ambiente social e físico. Têm uma forte capacidade para descrever as suas percepções e atitudes sobre a forma como o ambiente que as rodeia afecta o seu comportamento. Por conseguinte, as suas vozes devem ser ouvidas.

Por conseguinte, Holt et al (2008:1022) descobriram diferenças de desenvolvimento nas percepções das crianças sobre o espaço de recreio do bairro. Pediu-se às crianças (6-12 anos) de bairros com baixa capacidade de locomoção (L-W) e alta capacidade de locomoção (H-W) que desenhassem as suas percepções dos locais para brincar. As crianças foram estratificadas em três grupos etários. O grupo mais novo (6-8 anos) em L-W representava mais as brincadeiras em casa/no quintal do que o grupo mais velho (10-12 anos). Em contraste, o grupo mais jovem do H-W representava menos brincadeiras em casa/no quintal e fora de casa do que os dois grupos mais velhos (8-12 anos). Curiosamente, estes resultados sugerem que a ocorrência relativamente mais elevada de ruas sem saída nas zonas L-W evitou o trânsito e pode ter proporcionado mais oportunidades para brincadeiras supervisionadas, ao passo que dificultou a circulação a pé para as crianças mais velhas com mais autonomia para brincar livremente.

Em consonância com a teoria do microssistema, segundo a qual as relações interpessoais das crianças com os cuidadores podem desempenhar um papel significativo na influência da sua atividade física, os estudos que os consideraram uma díade encontraram provas de apoio. Loprinzi & Trost (2010) relataram que os pais que favoreciam e apoiavam a atividade física estavam positivamente associados à atividade física das crianças em casa (ibid: 132). Da mesma forma, um estudo que avaliou um modelo de influência dos pais sobre os jovens encontrou associações positivas entre o apoio dos pais à atividade física e a auto-eficácia da criança. No entanto, estes resultados não permitiram que a modelação da atividade física pelos pais fosse uma influência suficiente sobre os jovens; sugeriram a necessidade de os pais serem mais activos no seu apoio, fornecendo apoio motivacional e instrumental, como o ensino de competências de atividade (Trost et al, 2003:280).

Por outro lado, os pais também podem dificultar a atividade física das crianças, pelo que é importante compreender as circunstâncias em que os prestadores de cuidados negoceiam a autonomia das crianças no seu ambiente de brincadeira. Um aspeto intrínseco da parentalidade centra-se na capacidade de os pais controlarem e protegerem os seus filhos no espaço público, particularmente os que têm menos de 12 anos de idade (Valentine & McKendrick, 1997: 223).

Não é de surpreender que os chineses acreditem que o futuro da China são os seus filhos. No entanto, nas últimas décadas, as políticas do governo chinês relativas ao filho único centraram-se na "qualidade" das crianças e não na quantidade, dando ênfase às famílias pequenas. As famílias que vivem nas cidades são encorajadas a ter um filho, com variações que permitem mais nas zonas rurais (Xu & Minca, 2008:299). As famílias de três gerações são predominantes, especialmente nas zonas urbanas, onde os avós são por vezes os principais cuidadores (Jiang et al, 2006:10). Por esta razão, os avós podem ter um impacto significativo na atividade ao ar livre de uma criança. As teorias do desenvolvimento infantil realçam a importância dos pais, avós e irmãos na formação do crescimento e desenvolvimento das crianças na primeira infância. No entanto, à medida que a criança cresce e ganha independência, o seu contexto social e físico alarga-se (Parke & Clarke-Stewart, 2011:10)

3.2Mesossistema

Vários estudos indicam que o ambiente do bairro afecta a atividade física das crianças. No entanto, não existe uma definição clara de "bairro". Qualquer tentativa deve considerar as caraterísticas espaciais, sociais, funcionais e administrativas de uma área (APA, 2006:410). Pode ser visto como uma comunidade geográfica dentro de uma cidade a uma escala que apoia a interação social e as redes. Os objectivos de um bairro incluem a oferta de opções de transporte, a oferta de opções de habitação, a criação de oportunidades de emprego local, a melhoria da qualidade ambiental, o aumento da diversidade económica e étnica, o aumento da interação social e da participação civil e a promoção de actividades recreativas (ibid:412). Por conseguinte, a definição de bairro difere consoante o contexto e é muitas vezes difícil de delinear, especialmente na perspetiva das crianças (Jones et al, 2010: 236); "O que elas fazem e como o fazem num determinado lugar é o que melhor define o lugar para as crianças" foi sugerido num estudo que explorou o sentido de lugar das crianças num bairro (Min & Lee, 2006:54). Para ter em conta a capacidade de desenvolvimento das crianças, alguns estudos utilizaram métodos de mapeamento mental, desenho ou fotografia adequados à sua idade para lhes permitir expressar de forma criativa as suas percepções e atitudes em relação ao seu bairro (ibid:51, Castonguay & Jutras, 2009:101, Holt et al, 2008:8).

De um modo geral, os estudos sobre o efeito do ambiente de vizinhança na atividade física das crianças têm dado ênfase tanto ao ambiente social como ao ambiente físico. No entanto, há mais estudos centrados nos efeitos do ambiente físico do que no ambiente social (Hume et al, 2009:638). Além disso, uma vez que os factores sociais e físicos do ambiente estão inter-relacionados quanto à forma como afectam a atividade física, a maioria dos estudos examina uma combinação dos dois. Por exemplo, as crianças de um bairro com baixos rendimentos escolheram o parque infantil como um local de que gostavam devido às oportunidades de interação social que promovia e à estimulação física proporcionada pelas instalações (Castonguay & Jutras, 2009:106). Independentemente disso, a seguinte revisão da literatura distingue entre os factores sociais e físicos para melhor compreender os seus efeitos individuais.

Os factores do ambiente social normalmente explorados na literatura foram as redes sociais, a capacidade da comunidade e os receios sociais. As percepções positivas das redes sociais e do capital social da vizinhança foram factores de previsão da atividade física moderada e vigorosa (AFMV) em crianças de ambos os sexos. As crianças com percepções positivas relataram ter praticado mais 10-13 min/dia de AFMV do que aquelas que relataram opiniões menos positivas (Hume et al, 2009:640). No entanto, as mães também tinham receios sociais em relação ao bairro, sendo o mais referido o facto de as crianças poderem encontrar toxicodependentes e microcriminalidade (ibid:448). Outro estudo com crianças revelou que as crianças em idade pré-escolar preferiam mais os espaços ligados a uma memória social perto da casa de um amigo; isto contrasta com os adolescentes, que preferiam parques, o que pode refletir a sua crescente autonomia (Castonguay & Jutras, 2009:107).

Os factores do ambiente físico habitualmente explorados na literatura foram a disponibilidade, a acessibilidade e a "acessibilidade" (oportunidades) do espaço aberto e da conceção urbana no bairro. A disponibilidade e a acessibilidade do espaço aberto são frequentemente debatidas em relação à equidade entre diferentes bairros de estatuto socioeconómico baixo e alto (SES). A disponibilidade diz respeito aos espaços abertos existentes e que podem ser potencialmente utilizados. A acessibilidade diz respeito à conveniência, à ligação e à facilidade de deslocação (PPS, 2011). Em geral, espaços mais disponíveis e acessíveis estão associados à atividade física. Embora vários estudos examinem estes conceitos em países desenvolvidos, há uma falta de estudos efectuados em países de baixo rendimento (Crawford et al, 2008:889; Gilliland et al, 2006:256; Timperio et al, 2007:337). Estes conceitos são especialmente importantes em contextos de baixos rendimentos, onde a falta de espaço disponível e acessível é mais suscetível de impedir a atividade física das crianças.

Para compreender a adequação ou as oportunidades do ambiente construído na atividade física das crianças, os estudos aplicaram frequentemente métodos de investigação quantitativos ou mistos, tais como a observação direta, inquéritos ou a utilização de acelerómetros e Sistemas de Informação Gráfica (SIG) para a análise espacial e comportamental (Carver et al, 2010:1799, Willenberg et al, 2010:210). Além disso, o conceito de "affordance" foi cunhado e desenvolvido por J. J Gibson (1979) para investigar como o ambiente físico pode ser percebido para proporcionar oportunidades de ação. Em geral, diz respeito às propriedades percepcionadas do ambiente construído e natural, como os parques infantis ou as paisagens naturais, que estimulam, atraem ou proporcionam comportamentos (Cosco, Moore & Islam, 2009:514). Além disso, tem o potencial de examinar as oportunidades emocionais e culturais no ambiente social de uma pessoa (Kytta, 2004:181). Apesar de a maioria dos estudos considerar a affordance como a perceção de oportunidades "positivas" para a ação (i.e., parques infantis para brincar), inversamente, os objectos também podem fornecer affordance "negativa" para a ação (i.e., evitar estradas) (Goldstein, 1981:192, Kytta, 2004:180). Embora a atividade física seja frequentemente uma atividade social e seja moldada pelo ambiente social, neste estudo, a acessibilidade refere-se à perceção da acessibilidade positiva ou negativa do ambiente físico do bairro.

3.3Macrossistema

As notáveis mudanças societais que ocorreram na China têm de ser realçadas para se poderem apreciar os efeitos, tanto matizados como aparentes, na vida das pessoas e nos bairros em que residem. As reformas políticas da China no final da década de 1970 conduziram a uma rápida urbanização das cidades, caracterizada por uma elevada densidade, expansão urbana descontrolada, falta de espaços verdes, dificuldades de transporte e um planeamento e conceção deficientes; essencialmente, a urbanização criou uma distância entre as pessoas e o seu ambiente natural (Li et al, 2005: 326). A paisagem de Pequim tem uma história de cerca de 3000 anos, com a maior parte do seu desenvolvimento moderno a ser feito na cidade velha antes de 1950. O espaço verde urbano é constituído por parques, florestas e terrenos agrícolas (Li et al, 2005: 328).

De acordo com a Divisão de População das Nações Unidas (2010), a China atingirá uma taxa de urbanização de 65% até 2030, um aumento de 300 milhões de pessoas (ibid:5), prevendo-se que muitas delas formem populações flutuantes de trabalhadores migrantes. A China registou a maior migração da sua história entre 1979 e 2009, quando a sua população migrante aumentou de 6 para 211 milhões nas cidades, o que continua a ser um desafio para o desenvolvimento humano (Ibid:3). Atualmente, Pequim tem uma população de aproximadamente 19,6 milhões de pessoas. Entre 1992 e 2002, cerca de um quarto dos seus migrantes instalou-se em bairros transitórios de baixos rendimentos (Li et al, 2005: 328, NBSC, 2011). Estes bairros são classificados em três tipos principais: bairros urbanos degradados, aldeias de trabalhadores em declínio e "aldeias urbanas", que são áreas de território rural de propriedade colectiva engolidas pela expansão urbana (He et al, 2010:329). As aldeias urbanas distinguem-se pelo facto de proporcionarem rendas razoáveis em habitações não regulamentadas para o afluxo de migrantes (ibid:329). Embora o desejo de uma vida melhor tenha atraído famílias migrantes para se instalarem em comunidades pobres, a maioria fica ainda mais em desvantagem devido à falta de um "hukou" local ou registo do agregado familiar, que é necessário para ter acesso a habitação pública, seguro de saúde, educação e emprego pertencentes a uma cidade específica (He et al, 2010:331).

Todas as crianças em idade escolar são legalmente obrigadas a frequentar a escola. Com exceção dos filhos de alguns pais "ocidentais" com rendimentos elevados que incentivam o desporto, as crianças chinesas passam mais tempo a fazer trabalhos escolares do que as suas congéneres americanas e europeias (ibid: 10). Além disso, a influência ocidental na utilização rotineira de computadores, nos jogos de vídeo e na televisão por parte das crianças contribuiu para a inatividade física (Jiang et al, 2006:13). Além disso, juntamente com o desenvolvimento económico, o aumento da utilização de automóveis desencoraja as deslocações a pé e de bicicleta, enquanto o aumento geral do tráfego influenciou os pais a colocarem restrições às actividades ao ar livre das crianças por receio de acidentes (ibid:34, Carver, Timperio & Crawford, 2008:218). Assim, as crianças, particularmente as de famílias migrantes, estão frequentemente expostas a ambientes desfavoráveis e a dificuldades sociais que afectam o seu desenvolvimento. Evidentemente, qualquer solução ou intervenção que vise abordar as barreiras ambientais ou sociais a curto e longo prazo à atividade física das crianças deve ter em conta o contexto mais vasto da China. Como tal, é necessário aplicar a integração das estratégias de saúde pública, de conceção urbana e de planeamento, que realça a inter-relação dos sistemas ecológicos (Boarnet & Vlahov, 2008:387)

CAPÍTULO 4. METODOLOGIA

Procurámos conceber um estudo que explorasse a perceção e a atitude das crianças e dos prestadores de cuidados sobre a atividade física no contexto do ambiente social e físico do seu bairro.

4.1 Abordagem

Este é um estudo de investigação qualitativa que utiliza métodos de análise de conteúdo para analisar dados textuais. O estudo utilizou uma combinação de discussões de grupos de discussão (FGD) e entrevistas para explorar os pontos de vista das crianças e dos prestadores de cuidados. Tanto as discussões em grupo como as entrevistas utilizaram questionários semi-estruturados. As entrevistas com as crianças e os prestadores de cuidados (pais ou avós) e as discussões dos grupos de discussão com as crianças incluíram exercícios de desenho destinados a explorar a "essência" das experiências dos participantes com uma interpretação limitada por parte do investigador.

A dimensão da amostra de entrevistas para vários tipos de estudos pode variar entre 5-60 indivíduos para os métodos intencionais e teóricos, e aproximadamente 5-25 indivíduos para os estudos fenomenológicos (Creswell 1998:61, Guest, Bunce & Johnson, 2006:60). Embora a amostragem até à saturação seja a convenção, Ryan e Bernard (2004) explicam que a saturação depende i) da complexidade dos dados, ii) da experiência e do cansaço dos investigadores, e iii) do número de analistas envolvidos (Guest, Bunce & Johnson, 2006:77). Neste estudo, foi utilizada uma amostragem estratificada por quotas intencional, dividindo o bairro em oito secções e recrutando participantes de cada área até se atingir a saturação (ver Quadro 1). Embora o estatuto Hukou (residente) dos participantes possa influenciar as suas experiências de atividade física, não foi considerado na amostragem e não foi perguntado por rotina devido à possibilidade de ser um tópico sensível.

Como resultado, foram realizadas entrevistas semi-estruturadas com n=54 participantes, dos quais 26 eram cuidadores (11 homens e 15 mulheres) e 28 eram crianças (16 homens e 12 mulheres com uma idade média de 9,5 anos). Aproximadamente metade dos adultos (n=12) e das crianças (n=8) referiram ser migrantes, com n=4 e n=11, respetivamente, com estatuto desconhecido (ver Tabela 2). Do total, 14 crianças e 11 cuidadores foram entrevistados pela autora e por outro investigador. As entrevistas tiveram a duração de 10 a 35 minutos. No total, 31 participantes elegíveis recusaram-se a participar na entrevista por não estarem interessados, não terem tempo e uma pessoa não acreditou na autenticidade da carta informativa da universidade.

Como resultado, foram realizadas quatro discussões de grupo focal, duas em cada bairro, com 5-10 crianças com idades compreendidas entre os 6 e os 12 anos, num total de 26 crianças (11 do sexo feminino e 15 do sexo masculino). O número de desistências do recrutamento não foi registado pelos administradores governamentais que ajudaram no recrutamento. Das crianças que chegaram, duas não estavam interessadas e recusaram participar antes do início da discussão dos grupos de centragem. Uma criança recusou-se a participar na tarefa de desenho. O autor assistiu a todas as discussões dos grupos de centragem juntamente com outros três investigadores. Um investigador administrava o questionário, enquanto os outros registavam as notas de campo ou ajudavam na tarefa de desenho. As discussões dos grupos de centragem duraram entre 60 e 90 minutos e foram gravadas em áudio.

4.2 Metodologia de seleção do local

Este cenário de estudo foi identificado pela equipa de investigação interdisciplinar (com experiência em saúde pública, ciências sociais, ecologia e desenho urbano) como sendo um bairro desproporcionalmente vulnerável e marginalizado no distrito de Haidian, em Pequim. Foram escolhidos dois bairros adjacentes (ver Figura 1. para os bairros (NH) A e B) situados na cidade de Pequim, tal como definidos pelos limites administrativos designados pelo governo mais pequenos. Para efeitos deste estudo, os bairros, que reflectem o mesmo tipo de densidade do solo, arquitetura, rácio de espaços verdes e demografia humana, foram considerados como um bairro (o mesossistema) pelas seguintes razões

(1) Geograficamente, o ambiente físico de ambos os bairros contrasta com os seus arredores, que são constituídos por grandes parques fechados, universidades, instituições governamentais e complexos de apartamentos de vários andares com um elevado valor fundiário.

(2) Demograficamente, o ambiente social circundante é maioritariamente constituído por residentes com rendimentos mais elevados, muitos deles funcionários de instituições de prestígio nas proximidades.

Os dados espaciais sobre o contexto do estudo foram recolhidos através de observação direta e de mapas digitais e rasterizados. Além disso, uma vez que a perceção que as crianças têm dos limites do seu bairro pode ser diferente da dos adultos, o bairro será referido pelo nome ou com afirmações como "à volta da sua casa" ou "áreas que podem ser percorridas a pé a partir da sua casa".

Figura 1. Limites dos bairros, 2010-2011

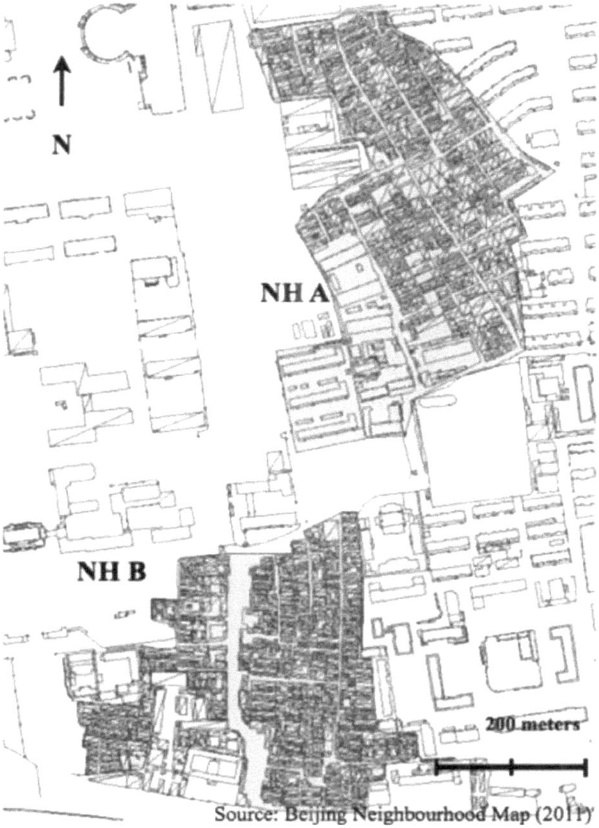

Com base numa extensa revisão sobre a relação entre a atividade física das crianças e o ambiente construído, foram utilizados grandes métodos de observação sistemática ou sistemática direta para produzir resultados quantitativos. Estes estudos escolheram ferramentas e procedimentos para orientar a observação sistemática do ambiente construído, natural e social (Floyd et. al., 2008:299; Sallis, 2009: 87-89). Embora o âmbito desta investigação não seja a realização de uma observação formal, o autor realizou uma observação sistemática utilizando a ferramenta SOPLAC (System for Observing Play and Recreation in Communities) desenvolvida por McKenzie & Cohen (2006) e um mapeamento fotográfico para avaliar o ambiente do bairro. Os documentos governamentais sobre os dados demográficos do bairro não estavam acessíveis; em vez disso, o autor obteve informações através de três entrevistas informativas com as autoridades governamentais do bairro.

4.2.1Ambiente físico

Os limites exteriores do bairro estão claramente definidos por muros de contenção, portões, lojas, restaurantes, mercados e estradas principais com várias faixas de rodagem (ver Figura 1). Utilizando mapas digitais e uma fotografia de deteção remota dos bairros, o rácio de espaço verde foi calculado para a cobertura verde visível utilizando o ArcGIS. A percentagem de espaço verde em relação à área do solo no bairro é de 15,3%. A percentagem de espaço verde em áreas de zona tampão definidas a várias distâncias dos limites do bairro é a seguinte: 35,6% a 50 metros, 44,0% a 100 metros e 48,4% a 500 metros. O rácio de espaço verde do espaço adjacente do bairro é de: 2,3:1, 2,9:1 e 3,2:1, respetivamente.

A maioria das habitações é constituída por casas térreas ligadas a outras unidades, com alguns apartamentos de vários andares com um pátio. A densidade é elevada, com três tipos principais de disposição: disposição linear; disposições irregulares e casas em redor de um pátio semiprivado (qualquer espaço fechado ou delimitado por um muro, muitas vezes tão estreito como becos, por estar ocupado por habitações de aluguer improvisadas). A maioria partilha casas de banho públicas ao ar livre e alguns partilham cozinhas públicas. Existe um pátio privado com um relvado utilizado para programas educativos. O bairro dispõe de dois espaços públicos destinados a parques de exercício com várias máquinas fixas destinadas à população idosa. Os caminhos do bairro são constituídos por hutongs (becos), pequenas ruas para peões e algumas grandes estradas pavimentadas para carros; não há semáforos.

4.2.2Ambiente social

Historicamente, o bairro era uma aldeia rural antes de a expansão urbana o incorporar na cidade. Estas zonas são atualmente designadas por "aldeias urbanas". Antes dos Jogos Olímpicos de Pequim de 2008, o governo tinha planeado transformar o bairro numa cintura verde, reflectindo o plano diretor para tornar a cidade mais verde. Em antecipação, muitos dos residentes do bairro mudaram-se para outros locais e alugaram as suas casas a trabalhadores migrantes. A população dos bairros A e B é de 4.000 e 10.000 habitantes, dos quais 2.000 e 7.200, respetivamente, são migrantes sem estatuto de residente permanente em Pequim. O bairro A tem cerca de 100 crianças com idades compreendidas entre os 6 e os 12 anos, mas o número de crianças no bairro B é desconhecido.

Os trabalhadores migrantes têm frequentemente um estatuto socioeconómico baixo e trabalham em empregos de mão de obra intensiva e mal pagos. Uma vez que alguns residentes rurais não estão limitados a um filho, alguns deles têm mais do que um filho e podem não ter meios para sustentar uma família na cidade devido às despesas de subsistência, como as despesas de saúde e educação.

4.3 Recolha de dados e amostragem

Em alguns métodos de investigação qualitativa, a recolha e a análise de dados ocorrem separadamente, enquanto a análise ocorre após a conclusão da recolha de dados. Embora este estudo seja de natureza descritiva e não tenha como objetivo a construção de uma teoria, o processo de investigação foi inspirado na abordagem da teoria fundamentada, que permitiu uma atividade cíclica de recolha de dados, análise e verificação dos resultados ao longo de todo o processo de investigação. Este processo indutivo e dedutivo levou ao desenvolvimento de temas e conclusões (Strauss & Corbin 1999:74) (ver secção Análise). O estudo utilizou uma combinação de discussões dos grupos de centragem e entrevistas para explorar os pontos de vista das crianças e dos prestadores de cuidados. Tanto as discussões dos grupos de centragem como as entrevistas utilizaram questionários semi-estruturados, que apoiaram uma abordagem estruturada de entrevista e análise entre os membros da equipa, permitindo ao mesmo tempo flexibilidade para investigar tópicos de interesse (Bryman 2004:437). As discussões dos grupos de centragem incluíam questionários que visavam as experiências e atitudes do grupo para incentivar a discussão, em contraste com os questionários individuais que exploravam opiniões e experiências individuais. Além disso, as discussões dos grupos de centragem incluíam um trabalho de desenho para ajudar na discussão. Os questionários das entrevistas foram elaborados com base nos procedimentos descritos por Bryman (2004:447), que descrevem o processo cíclico de revisão e teste das perguntas como reflexo da abordagem da Grounded Theory. Todas as discussões dos grupos de centragem e entrevistas foram gravadas em áudio, a menos que os participantes o recusassem. A recolha de dados teve lugar entre novembro de 2010 e março de 2011.

4.3.1 *Discussão em grupo*

Foram realizadas discussões em grupos de discussão para recolher o significado coletivo das crianças sobre o fenómeno do exercício físico e das brincadeiras em relação ao seu bairro. Este método, que é útil para recolher informações aprofundadas sobre tópicos específicos, foi fundamental para desafiar noções preconcebidas sobre o que os investigadores consideravam ser áreas importantes a explorar (Bryman 2004:476). A informação recolhida foi utilizada para melhorar os questionários das entrevistas. Além disso, foi pedido às crianças que desenhassem o seu bairro atual e ideal durante a discussão dos grupos de centragem e que discutissem as suas percepções e atitudes individualmente com um investigador. A utilização do desenho como técnica de mapeamento mental e como plataforma para explorar as opiniões das crianças sobre o seu ambiente é um método criativo de triangulação na recolha de dados. Vários estudos que exploram os pontos de vista das crianças sobre o seu ambiente e a atividade física utilizaram o desenho para compreender melhor os pontos de vista das crianças (Pearce et al, 2009:615, Holt et al, 2008:4). Embora os desenhos possam representar a perceção visual que as crianças têm do ambiente que as rodeia, as atitudes foram exploradas fazendo perguntas de esclarecimento e discutindo o significado dos seus desenhos durante e após a sua realização (Holt et al, 2008:7) (Ver Desenho 1).

O recrutamento das crianças para as discussões dos grupos de centragem foi feito em colaboração com os administradores governamentais dos bairros A e B. Os administradores explicaram o estudo aos pais uma semana antes e disponibilizaram uma sala no seu edifício de escritórios para as discussões dos grupos de centragem. Os pais estavam cientes de que o estudo era voluntário e que as crianças receberiam um lanche e um pequeno presente (equipamento de exercício/brinquedo no valor aproximado de 1,50 USD) pela sua participação. Também foi obtido o consentimento verbal informado dos pais e das crianças antes das discussões dos grupos de centragem. Bryman (2004:477) afirma que é pouco provável que uma DGF seja suficiente, ao passo que demasiadas podem aumentar a complexidade da análise. Por conseguinte, foram realizadas DGF com 5-10 crianças com idades compreendidas entre os 6 e os 12 anos até se atingir a "saturação teórica" de todas as categorias analíticas discutidas e não surgirem novas informações.

4.32 Entrevistas

De acordo com Kvale (1996:98), a entrevista não é apenas utilizada como um método auxiliar para obter conhecimentos gerais, como alguns pensam, mas é um instrumento poderoso por si só ou em combinação com outros métodos. Por conseguinte, foram utilizadas entrevistas-piloto e discussões de grupos de centragem para orientar o desenvolvimento de questionários abrangentes para explorar as questões de investigação (ibid, 1996:100). As crianças e os prestadores de cuidados receberam questionários que incluíam perguntas abertas e fechadas (ou seja, perguntas demográficas, de escolha múltipla e de escala de Likert) para orientar e estimular a exploração. Sempre que possível, todas as perguntas do inquérito foram colocadas e foram utilizadas perguntas adicionais para explorar temas emergentes. (Ver questionário). Foi incluído um mapa do bairro e da área circundante para ajudar a localizar as residências e as áreas de atividade dos participantes.

As crianças com idades compreendidas entre os 6 e os 12 anos e os prestadores de cuidados com crianças dessa idade (que podem não ser da mesma família) foram inscritos e entrevistados por um ou dois investigadores. Os prestadores de cuidados (pais, avós ou tutores) foram entrevistados porque se sabe que influenciam significativamente o nível e o tipo de atividade que as crianças praticam (Loprinzi & Trost, 2010:129). Além disso, a perceção dos cuidadores sobre o ambiente do bairro das crianças pode fornecer um contexto social valioso e uma visão sobre o desenho urbano que as crianças não conseguem articular. Uma vez que os prestadores de cuidados desempenham um papel vital na vida das crianças e têm a responsabilidade de incentivar e restringir determinados comportamentos, as crianças foram questionadas sobre as suas relações interpessoais com os seus prestadores de cuidados, de acordo com as orientações do MEU. Uma vez que as entrevistas foram mantidas anónimas, não se sabe se as crianças do grupo de centragem também participaram nas entrevistas. No entanto, uma vez que estes métodos se complementaram ao focarem diferentes aspectos da questão de investigação, deverá haver pouco ou nenhum efeito nos resultados. Por conseguinte, cada criança que participou no FGD e nas entrevistas foi considerada como um caso único (ver Tabela 2).

4.4 Modelo e métodos de ecologia urbana

O Modelo Ecológico sobre Ambiente e Comportamento foi utilizado para orientar o desenvolvimento da questão de investigação, os métodos de recolha de dados, a análise e o relatório. A seguir, descreve-se a forma como os diferentes sistemas do modelo correspondem ao processo de investigação e aos conceitos em estudo.

i. Microssistema: este sistema representa a díade criança e prestador de cuidados. A amostragem dos participantes incluiu crianças com idades compreendidas entre os 6 e os 12 anos e prestadores de cuidados com crianças dessa idade.

ii. Mesossistema: este sistema representa o ambiente físico e social. A descrição do bairro é apresentada na secção de métodos, em "Definições". Os questionários semi-estruturados incluíam um conjunto equilibrado de perguntas relacionadas com os aspectos físicos e sociais do bairro.

iii. Macrossistema: apesar de o estudo não se centrar no macrossistema, foram indiretamente explorados ou analisados factores societais e ambientais gerais, à medida que emergiam do discurso dos participantes, tais como a acessibilidade, os espaços abertos fora do bairro, as questões dos migrantes, a política do filho único e a utilização dos solos.

4.5 Envolvimento do Investigador

Esta investigação foi autofinanciada e contribuiu para apoiar um estudo maior financiado pela Fundação de Investigação em Ciências Naturais da China e dirigido por um professor da Escola Superior de Arquitetura Paisagista da Universidade de Pequim. O estudo intitula-se "The Characteristics of Neighbourhood Space and How It Acts on Children's Perception and Outdoor Physical Activity" (financiado de janeiro de 2011 a janeiro de 2014). A autora trabalhou sob a supervisão do professor e foi nomeada uma equipa de quatro estudantes de pós-graduação para ajudar na recolha de dados e na tradução linguística. Os dados de base sobre o contexto foram recolhidos e analisados pelo autor utilizando entrevistas a informadores-chave, software de Sistema de Informação Gráfica (SIG) (com a assistência de um especialista em SIG) e a ferramenta de inquérito observacional do Sistema de Observação de Actividades Lúdicas e de Lazer em Jovens (SOPLAY) (McKenzie & Cohen, 2006). O autor deu formação e dirigiu a equipa de investigação em todas as actividades de recolha de dados. O autor conduziu todas as discussões dos grupos de centragem e metade das entrevistas com a ajuda de pelo menos um estudante. O professor assistiu a um FGD e a um quarto das entrevistas. O outro quarto das entrevistas foi efectuado por estudantes. As entrevistas e as discussões dos grupos de centragem (exceto uma) foram gravadas e transcritas pelo autor e utilizadas como dados secundários. O autor analisou todos os dados e verificou os códigos, categorias e temas preliminares com o professor em várias ocasiões.

4.6 Análise

A análise dos dados começou por identificar afirmações significativas relacionadas com as questões de investigação que descrevem as experiências dos participantes sobre o fenómeno em estudo. Inspirado na abordagem da teoria fundamentada, o processo cíclico de recolha e análise de dados foi conduzido em simultâneo, tendo os dados recolhidos sido analisados para informar os tópicos e temas a explorar nas entrevistas subsequentes. Depois de determinada a saturação dos dados, todas as discussões dos grupos de centragem e entrevistas foram transcritas para inglês pelo autor, com assistência linguística quando necessário.

Este estudo utilizou a análise qualitativa de conteúdo para analisar o texto das discussões dos grupos de centragem e das entrevistas. Os procedimentos estruturados e sistemáticos detalhados em Graneheim & Lundman (2004:107) forneceram um quadro onde os códigos, as unidades de significado e as unidades de significado condensadas foram abstraídos e analisados para formar temas e subtemas. As notas de campo, as gravações áudio e as transcrições foram revistas para codificação e identificação de unidades de significado e temas. As conclusões preliminares foram discutidas e as discrepâncias resolvidas com outros membros da equipa para triangulação. O processo terminou com a integração colectiva de todos os resultados para discutir os efeitos do mesossistema do bairro nas experiências do microssistema (díade criança-cuidador). Os temas e subtemas que emergiram do discurso dos participantes foram utilizados para estruturar a secção "Conclusões" do presente documento. Além disso, este documento apresenta os resultados e a discussão em secções diferentes para distinguir a "essência" das experiências dos participantes antes de os resultados serem examinados no contexto da literatura atual e das interpretações do autor.

4.7 Considerações éticas

Trabalhar com qualquer população de seres humanos, particularmente com populações vulneráveis de baixos rendimentos em Pequim, requer sensibilidade para questões éticas e de conduta. Muitos países têm comités de ética nas suas instituições que analisam e aprovam os protocolos de investigação para garantir que os protocolos éticos são cumpridos. Este processo é especialmente importante para os investigadores qualitativos que recolhem frequentemente dados pormenorizados sobre a vida dos seus sujeitos e podem não estar conscientes das potenciais consequências da sua investigação (Silverman, 2005:42). Embora algumas universidades e instituições tenham um órgão de ética na China, o departamento de Arquitetura Paisagista da Universidade de Pequim não subscreve atualmente um processo formal de análise das questões éticas na investigação. No entanto, este investigador deu a máxima atenção aos participantes na investigação, tendo sido certificado para realizar investigação em seres humanos de acordo com as normas e recomendações internacionais para o efeito. A ênfase nos princípios da autonomia, da benevolência e da justiça informaram a totalidade da investigação (Siedman, 2006:58). Também foram tidos em conta os direitos dos indivíduos de se retirarem da investigação em qualquer altura que o desejassem.

Este estudo de investigação apresentou um risco mínimo para os participantes. De um modo geral, existem dois tipos de riscos para os participantes: riscos durante e riscos após a participação em entrevistas ou discussões dos grupos de centragem (Siedman, 2006:64). O tema da investigação pode não parecer, à partida, um tema sensível ou controverso que possa causar danos.

No entanto, a confidencialidade dos dados e a privacidade foram mantidas durante todo o estudo. Só o investigador teve acesso aos dados, que foram guardados num local seguro para garantir a sua fiabilidade. Foram realizadas reuniões sobre questões éticas e foi estabelecido o requisito de obter o consentimento informado para mitigar o risco potencial para os participantes (Kvale, 1996:112). Não foram registados dados identificáveis e o consentimento verbal foi obtido, embora não documentado individualmente, pelo investigador.

4.8 Fiabilidade

Os conceitos que descrevem a validade ou o nível de verdade da investigação quantitativa são normalmente conhecidos como validade interna, validade externa, fiabilidade e objetividade. Do mesmo modo, os conceitos que descrevem a "fiabilidade" que correspondem ao "nível de verdade" na investigação qualitativa são a credibilidade, a transferibilidade, a fiabilidade e a confirmabilidade, que se relacionam com resultados mais interpretativos do que descritivos (Miles e Huberman, 1994:279). A triangulação de métodos e a consulta de vários investigadores de origens multidisciplinares proporcionaram uma base sólida para uma investigação credível (Creswell, 1998:208). Durante as análises, os resultados foram sistematicamente verificados quanto à sua coerência. Além disso, procuraram-se resultados incoerentes e casos negativos para garantir pontos de vista abrangentes. Para abordar a transferibilidade dos resultados, os tópicos e temas foram discutidos em relação ao MEU e à literatura atual. Serão feitas recomendações sobre a forma como os resultados são aplicáveis a contextos ou populações semelhantes (Miles & Huberman 1994:279). Para garantir a fiabilidade da investigação, o autor confirmou os resultados preliminares ao longo do processo de investigação com códigos e categorias para estabelecer paralelismos significativos (Miles & Huberman 1994:279). Para evitar preconceitos e julgamentos não reconhecidos, de modo a que os resultados apresentem a "essência" das experiências dos participantes, foi mantida uma pista de auditoria do processo de recolha de dados, de análise e de elaboração de relatórios, e foram seguidos princípios éticos (Miles & Huberman 1994:278). Uma vez que a abordagem de investigação foi fenomenológica, a prática de "colocar entre parênteses" os preconceitos para apoiar a objetividade.

CAPÍTULO 5. CONCLUSÕES

Os resultados colectivos da análise das entrevistas, das discussões dos grupos de centragem e das tarefas de desenho revelaram algumas conclusões interessantes sobre a forma como o bairro influenciava a atividade física das crianças. As citações apresentadas foram obtidas nas entrevistas e nas discussões dos grupos de centragem, enquanto os dados quantificados e os quadros se referem aos dados recolhidos durante as entrevistas, salvo indicação em contrário. Uma visão geral sobre as experiências de atividade física das crianças precede os resultados da principal questão de investigação.

5.1 Atividade física em contexto

A atividade física (till huodong), a atividade desportiva (tiyu huodong) e o exercício físico (tiyu duanlian) ou (yundong) na língua chinesa têm relativamente o mesmo significado e são muitas vezes utilizados indistintamente. As crianças deste estudo tendem a considerar a palavra "brincar" como englobando a atividade física, o exercício, o desporto e os jogos, bem como as actividades de lazer em espaços fechados, como "jogar no computador", com exceção das caminhadas para transporte e das aulas de educação física na escola.

5.1.1 *Tipo e nível*

As crianças identificaram 40 tipos diferentes de actividades físicas e os locais onde estas actividades se realizam (ver Quadro 3). Todas as actividades, exceto três, envolviam pelo menos uma outra pessoa. A maior parte das actividades ocorreu nos pátios do bairro, seguindo-se as estradas, a porta da frente de casa e o parque de exercícios para os idosos. Foi referida uma maior variedade de actividades nas áreas dentro do bairro em comparação com as áreas fora do bairro (com exceção da escola). No entanto, a frequência das visitas ou a duração das actividades não são conhecidas.

Quase todas as crianças afirmaram que praticavam atividade física suficiente na escola durante a semana e ao fim de semana. A maioria das crianças referiu ter aulas de educação física na escola cerca de três vezes por semana, enquanto algumas das crianças tinham aulas de educação física diárias. No entanto, a maioria delas queria ter mais tempo para actividades durante a semana, mas muitas não conseguiam gerir a carga de trabalhos de casa. Algumas das crianças preferiam ver televisão ou jogar computador em vez de irem para o exterior. A maior parte dos seus períodos de brincadeira prolongada ocorria aos fins-de-semana. Alguns pais comentaram que a China está a ter um problema crescente de obesidade devido a estilos de vida cada vez mais sedentários.

Eu trabalho demasiado/.../temos muito stress na vida. Temos menos tempo para brincar. Os trabalhos de casa são uma preocupação maior, por isso concentramo-nos mais nos estudos. Agora há mais crianças com excesso de peso.

Quando se perguntou aos adultos se os seus filhos recebiam atividade física suficiente para um desenvolvimento saudável, cerca de metade respondeu que sim, dos quais três cuidadores acreditavam que a escola proporcionava atividade física adequada e dois cuidadores tinham inscrito os seus filhos em artes marciais. A outra metade dos prestadores de cuidados apresentou razões para a quantidade inadequada de atividade física, que eram semelhantes às referidas pelas crianças: falta de espaço para brincar; falta de crianças suficientes para brincar na vizinhança; prioridade ao desempenho académico; uso extensivo da televisão e do computador; e falta de recursos dos pais para apoiar a atividade física das crianças. Um pai e trabalhador migrante falou sobre os desafios de apoiar a atividade física da sua filha:

Esta pergunta é difícil de responder/.../Depende da família. Se formos de Pequim, eles têm recursos. Têm tempo para apoiar a atividade física dos seus filhos. Como eu, um migrante... como pai, quero que ela seja feliz e que pratique atividade física todos os dias com um horário diário equilibrado... mas os meus recursos económicos não são capazes de suportar isso. É difícil responder a esta pergunta. Depende da família.

5.2 Influência do ambiente de vizinhança na atividade física das crianças

A estrutura das principais conclusões segue os dois tópicos (sobre o que foi falado) e os cinco temas (o que foi dito sobre os tópicos) que emergiram da análise de conteúdo das entrevistas e das discussões dos grupos de discussão com as crianças e os prestadores de cuidados.

Tópico 1. Espaço aberto

Foram revelados dois problemas em relação ao espaço aberto: falta de locais para a atividade física e falta de locais para a interação social, que é fundamental para a atividade física, uma vez que é uma experiência social. O que estava disponível era pouco acessível em cinco áreas.

Tema 1. Falta de espaços abertos no bairro

Os espaços abertos apropriados para o exercício físico das crianças eram limitados no bairro. Uma vez que a atividade física era essencialmente uma experiência social para as crianças, o espaço aberto público era considerado importante tanto para a promoção da atividade física como para a interação social. Por sua vez, um tecido social forte tem o potencial de apoiar a atividade física das crianças.

Espaço limitado para a atividade física

As crianças e os prestadores de cuidados indicaram que a falta de espaços abertos no seu bairro dificultava a atividade física. Uma vez que o ambiente construído do bairro se caracterizava principalmente por casas de um só piso viradas para uma rua ou por um grupo de casas que partilhavam um pátio (normalmente um caminho estreito) que dava para uma rua, a maioria das famílias não dispunha de um espaço aberto semi-privado. Apenas as crianças que viviam num dos cinco complexos de apartamentos partilhavam grandes parques de estacionamento semi-privados ou pátios onde podiam brincar. Os únicos espaços abertos públicos sem restrições de acesso eram dois pequenos parques de exercício concebidos para os idosos. Ambos têm cerca de 750 pés quadrados com superfícies de betão e cinco a sete máquinas de exercício simples. Embora a maioria das crianças utilizasse os parques de exercício, apenas quatro crianças os indicaram como a sua área preferida para brincar. Nas palavras de um pai migrante que viveu ali durante cinco anos:

> Para além das idas aos parques de exercício (para os seniores), não há por aqui nenhum lugar para explorar. Para além das casas e dos becos, que mais há para descobrir?

Espaços alternativos para brincar

Dada a falta de espaços públicos, semi-privados e privados para as crianças, estas foram inovadoras na utilização dos espaços disponíveis. As zonas não destinadas a ser espaços de recreio são utilizadas para vários tipos de actividades. Para além dos dois parques de exercício para os idosos, o único espaço a que o público tem acesso são as estradas. Os estreitos hutongs (becos) ligados às casas e aos pátios, as pequenas ruas e as estradas que permitem a circulação de veículos são todos utilizados para as actividades das crianças. Quando se perguntou às crianças onde brincavam mais frequentemente e gostavam de brincar, quase metade indicou um beco ou uma estrada. Não só as crianças utilizam as estradas para actividades que se adequam a superfícies pavimentadas e planas, tais como andar de bicicleta e de skate, como também as estradas apoiam actividades como as escondidas, o futebol, saltar, corridas "aleatórias" e até jogos de perseguição, tais como "atirar ao japonês". Além disso, os espaços semi-privados, como os parques de estacionamento e os pátios dos serviços públicos e dos complexos de apartamentos, também são utilizados para actividades. Uma vez que estes espaços são semi-privados, a sua acessibilidade depende da autorização dos residentes. Assim, o seu acesso é, na melhor das hipóteses, inconsistente. Uma rapariga de 11 anos contou uma história sobre a razão pela qual agora hesita em brincar no pátio

"Número 4" (pertencente a um complexo de apartamentos) que visitava frequentemente.

Gosto do pátio número 4. Dá para andar de bicicleta porque a área é bastante grande/.../Mas alguém partiu um vaso e a culpa foi nossa. Por isso, agora não gostamos de ir... O número 4 é o mais próximo de mim/.../(o pátio) tem relva e árvores. Não há flores, mas há algumas falsas.

A localização do bairro é única, na medida em que está rodeado de grandes parcelas de espaços verdes, o que atenua as carências do bairro. Cerca de metade das crianças indicou que passava a maior parte do tempo a brincar e a fazer exercício fora do seu bairro, em parques adjacentes, parques infantis, campos e instalações desportivas de grandes instituições. Quase todos os encarregados de educação tinham levado os seus filhos a um dos dois grandes parques da cidade, pelo menos algumas vezes por ano. O célebre parque "Palácio de verão" é considerado um parque que pode ser percorrido a pé (15 a 30 minutos) e um dos preferidos dos adultos. Um avô falou com orgulho:

Bem, sinto que este bairro é o meu bairro ideal. Tenho estado aqui a maior parte da minha vida. Onde mais se pode ir? Tem grandes campos, o Palácio de verão, um bom ambiente. A habitação, habituamo-nos a viver em habitações baixas, não queremos estar num apartamento grande onde temos de subir e depois não queremos voltar a descer.

Em contrapartida, as crianças pareciam preferir parques mais pequenos com parques infantis e instalações desportivas que consideravam poderem ser percorridos a pé (cerca de 10 minutos) e onde podiam ir sem a supervisão de um adulto.

Nenhum dos desenhos que as crianças fizeram do seu bairro incluía o Palácio de verão ou grandes parques da cidade.

Espaço limitado para actividades sociais

A atividade física é uma atividade social valiosa para as crianças. A maioria das actividades físicas de que as crianças gostam requer dois ou mais participantes (ver Quadro 4). Quase todas as crianças preferem brincar com amigos ou colegas de turma, com exceção de cinco que preferem estar com os pais ou irmãos; nenhuma delas quer brincar sozinha. Um rapaz de doze anos contou que era frequentemente vigiado por adultos, mas que preferia brincar com os amigos:

Vamos (ao parque) com os pais de outras pessoas porque os meus pais estão ocupados. Prefiro brincar com os meus amigos da escola, isso é interessante. Os adultos não sabem brincar, são rígidos.

Os adultos também reconheceram a importância dos amigos na promoção da brincadeira e da atividade das crianças. Além disso, alguns deles partilhavam o desejo de interagir com os vizinhos juntamente com os seus filhos. No entanto, a falta de espaço público dificultava as suas interações sociais com os vizinhos, o que, consequentemente, reduzia as oportunidades sociais e de brincadeira para os seus filhos.

Quando se perguntou às crianças e aos prestadores de cuidados se o ambiente do seu bairro era amigável, 76% (n=19) dos adultos e 80% (n=20) das crianças responderam "sim". Os adultos que responderam "não" eram maioritariamente migrantes. Explicaram que o bairro tinha demasiados transeuntes e estranhos e que alguns residentes locais "desprezavam" os imigrantes.

Tema 2: Limites de acessibilidade aos espaços abertos adjacentes

As crianças e os prestadores de cuidados falaram sobre as dificuldades de acesso a parques, parques infantis e instalações desportivas adjacentes. À semelhança das experiências das crianças de terem uma acessibilidade inconsistente a espaços semi-privados dentro do seu bairro, partilharam que a acessibilidade a espaços abertos semi-privados e privados depende da relação de cada um com os porteiros, de ter privilégios especiais, da vontade de transgredir e da disponibilidade de tempo pessoal e de recursos económicos. Uma vez que cerca de metade das crianças indicaram que brincam mais frequentemente em locais fora do bairro, são frequentemente confrontadas com a incerteza das suas saídas. Como os rapazes não têm passes de entrada para o campo desportivo da universidade, tentam muitas vezes evitar a atenção dos guardas. Uma mãe explica

No inverno, levam uma bola para o campo de exercícios da universidade e fingem que são dessa comunidade, caso contrário eles (os seguranças) não os deixam entrar.

Figura 2. Bairro e Espaço Aberto Adjacente, 2010-2011 (Corresponde à Tabela 5)

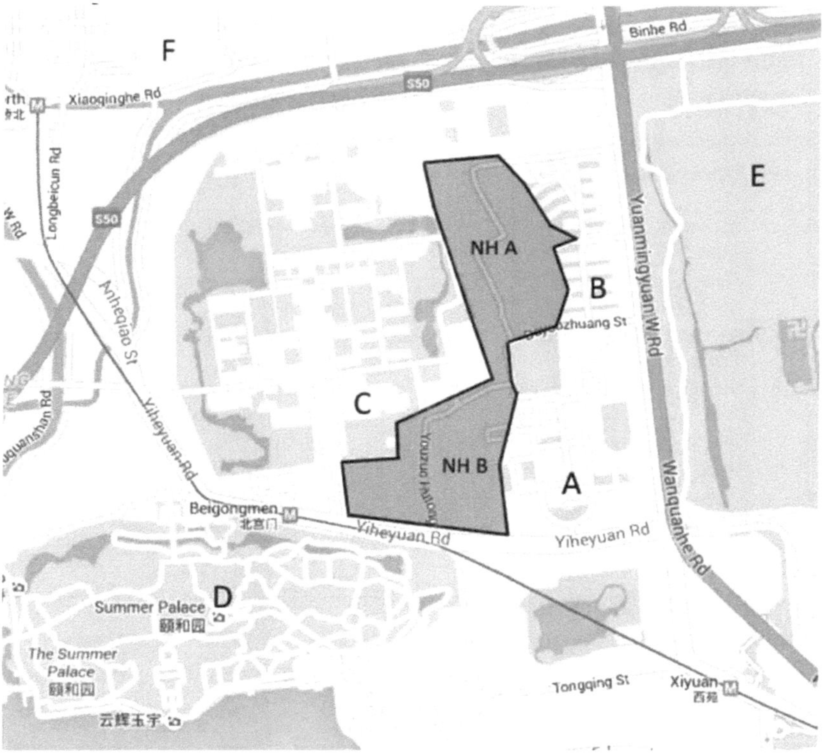

Mapa do Google, 6-01-2016

Espaço público aberto

Não existem parques públicos, parques infantis ou instalações desportivas num raio de 1,0 km do bairro com acesso livre. Os seis locais mais visitados pelas crianças são públicos, semi-públicos e privados (ver figura 2 e tabela 5). Os espaços públicos tinham entrada paga ou eram fechados e só podiam ser vistos. Alguns dos locais semi-públicos, como o parque infantil no pátio do complexo de apartamentos adjacente, eram frequentemente visitados pelas crianças devido ao facto de terem poucas restrições. Os espaços privados não eram acessíveis, exceto se a entrada fosse autorizada pelos seguranças ou se uma criança invadisse o local. Sendo o basquetebol uma das suas actividades favoritas, um rapaz revelou como invade o recinto desportivo:

> Vou ao (recinto desportivo) dia sim, dia não... É possível entrar pelo portão sul. Mas nem sempre se consegue entrar.

Um homem revelou como o acesso do seu neto ao parque dentro da instituição governamental dependia da boa vontade dos seguranças:

Só nos últimos 10 anos é que não se pode entrar. Antes, podia-se sempre entrar. Havia lá uma porta. Há um grande parque. Não estava bloqueado/.../Tinham-nos sempre (seguranças) antes, mas não eram tão rigorosos porque nos conheciam. Agora mudaram os guardas.

Table 5. Accessibility of Neighbourhood Adjacent Open Space, 2010-2011

Label *	Open Space	Ownership	Regulation of open space
A	University park and sport facility	Private and Semi-Private	Gated and guarded with operational hours, Some non-gated
B	Apartment complex	Semi-Private	Gated and unguarded, no operational hours.
C	Government Educational Institution	Private and Semi-Private	Gated and guarded with no access; non-gated
D	Summer Palace City Park	Public	Entrance Fee, gated and guarded with operational hours
E	Old Summer Palace City Park	Public	Entrance Fee, gated and guarded with operational hours
F	Green Belt	Public	Gated and unguarded and non-gated

* Corresponds to location on Figure 2. In descending order of children's most to least visited places outside neighbourhood.

Apesar do facto de algumas crianças beneficiarem deste privilégio, algumas crianças queixaram-se de que "não é justo" que certas crianças sejam autorizadas a utilizar espaços privados devido à relação que os pais têm com os porteiros. Por último, dado que o bairro está completamente rodeado por grandes estradas com várias faixas de rodagem, os encarregados de educação não permitem que as crianças visitem os parques públicos para além delas sem supervisão. Assim, a acessibilidade das crianças a espaços abertos dentro e à volta do seu bairro é dificultada por factores físicos e sociais.

Tema 3. A acessibilidade dos espaços abertos de vizinhança é limitada.

A disponibilidade do ambiente físico do bairro para promover a atividade física das crianças é limitada. Para além dos desafios de viver num bairro de alta densidade com pouca cobertura de espaços verdes (definidos nos métodos), as crianças e os prestadores de cuidados descrevem que a acessibilidade dos espaços disponíveis, como as estradas, os pátios e as instalações para exercício físico, era baixa. Para compreender melhor as áreas específicas do ambiente que eram consideradas como tendo uma acessibilidade negativa, perguntou-se aos participantes o que faltava e como é que o seu bairro podia ser melhorado. As cinco sugestões mais frequentes das crianças, por ordem crescente, foram: parques infantis, parques, plantas e natureza, um ambiente mais limpo e instalações desportivas. Com alguma semelhança, os encarregados de educação queriam: um ambiente mais limpo, parques infantis, plantas e natureza, melhores infra-estruturas e ciclovias (ver Quadro 6). No seu conjunto, os temas que emergiram das entrevistas e dos desenhos das crianças revelaram cinco tópicos principais sobre a disponibilidade de espaços abertos no seu bairro: disponibilidade geral de espaços abertos, superfícies de solo, instalações para actividades, infra-estruturas e limpeza.

Funcionalidade global

Quando se perguntou às crianças se consideravam o ambiente do seu bairro interessante, numa escala de Likert, as suas respostas foram as seguintes: 45% muito interessante ou interessante (n=9, em que um afirmou ser muito interessante), 35% médio (n=7), 15% pouco interessante ou aborrecido (n=5 em falta); n=7 sem resposta). No entanto, os prestadores de cuidados que responderam à mesma pergunta tiveram uma perceção marcadamente desfavorável do seu ambiente. Apenas 10% dos prestadores de cuidados descreveram o seu bairro como interessante (n=2, sendo que nenhum afirmou ser muito interessante), 20% médio (n=4), 70% pouco interessante ou aborrecido (n=14 em falta; n=6 sem resposta). Além disso, quando se perguntou aos adultos se achavam que o ambiente era propício às brincadeiras e actividades exploratórias dos seus filhos, 75% (n=15) dos 20 que responderam escolheram pouco propício ou definitivamente não propício à exploração.

Para além do desejo de natureza e espaço verde expresso pelas crianças durante as entrevistas e os grupos de discussão, a maioria dos desenhos das crianças ilustrava que elas valorizavam as árvores, os corpos de água, as flores, a superfície natural do solo e os pequenos caminhos. No entanto, o espaço verde nem sempre foi apreciado. Um rapaz de doze anos partilhou a sua frustração pelo facto de o seu pátio não ser adequado para um determinado desporto.

Tentámos jogar badminton aqui também, mas não há espaço vazio. Mas hoje foi o melhor... o vento estava bom e fez cair um passarinho (de uma árvore)/.../de há uns anos atrás. O meu pai comprou-me cerca de 50 deles/... /mas agora já se foram todos... todos para os ramos.

Quando os primeiros desenhos das crianças sobre o seu bairro atual foram comparados com os seus segundos desenhos sobre o que desejavam para o seu bairro ideal, quase todos representavam um aumento dos espaços verdes, dos parques infantis, das instalações desportivas e das ruas limpas, bem como uma diminuição das grandes estradas. Além disso, muitos deles incluíam cursos de água e lagos com peixes. (Ver desenho 1).

Superfície do solo

O tipo de superfície de solo que as crianças preferiam dependia da atividade que queriam realizar. Por exemplo, algumas das crianças que gostavam de utilizar o parque infantil partilharam que por vezes tinham medo de cair na superfície de betão. No entanto, algumas das crianças que gostavam de andar de bicicleta e de skate queixavam-se da falta de superfícies duras e lisas para andar. Surpreendentemente, embora muitas das crianças apreciassem superfícies naturais, como terra, areia e ruas de seixos, como se pode ver nos seus desenhos, apenas algumas crianças mencionaram querer superfícies relvadas para brincar (ver Desenho 1). Os relvados eram muitas vezes vedados e destinados a serem vistos. Algumas das crianças foram ensinadas a não pisar a relva, como explica uma conscienciosa criança de sete anos:

> Não gosto dos campos de relva grandes... Porque tenho medo de os pisar. Se a pisar, estrago-a/.../e depois é "Game Over"/..../Gosto de relva pequena porque é muito verde e eu gosto de verde, cor-de-rosa e laranja.

O bairro não contém uma quantidade adequada de diferentes superfícies de solo para apoiar as actividades desejadas pelas crianças.

Instalação de atividade física

A maioria das crianças e dos prestadores de cuidados já utilizou o parque de manutenção. É um ponto de referência na maioria dos desenhos das crianças que exploram as percepções do seu bairro atual.

Uma das principais queixas expressas pelos prestadores de cuidados e pelas crianças refere-se ao facto de as instalações de exercício para os idosos não proporcionarem às crianças um ambiente seguro e exploratório. Além disso, os parques infantis não existem no bairro e só estão disponíveis nos bairros vizinhos. Um dos pais afirmou que:

> Por aqui, não há espaços de recreio para crianças. Não há outras sugestões para além desta (parques infantis) ... Há alguns parques de exercício para adultos, mas não há nenhum para crianças aqui perto. As instalações para crianças são bastante distantes.

Infra-estruturas

Sendo uma "aldeia urbana" transitória, a arquitetura do bairro reflecte o fluxo constante dos residentes locais que se mudam e arrendam as suas propriedades. A renovação e construção de novos edifícios para acomodar o processo de urbanização e o aumento da população migrante resultou em locais acessíveis e potencialmente perigosos para as crianças. O material de construção e os detritos, como o pó, o equipamento de construção e as valas, diminuem as possibilidades de atividade física segura nestas áreas. Consequentemente, algumas crianças e prestadores de cuidados mencionaram estas áreas como perigosas e fora dos limites. Uma criança descreveu a sua experiência:

Não gosto de brincar lá fora... o ambiente não é muito agradável. Por vezes, devido à construção de casas, o vento sopra a areia/.../há muitas (construções) por aqui.

Limpeza

Uma das caraterísticas físicas mais evidentes do ambiente é a má gestão dos resíduos. O lixo pode ser visto ao longo da estrada, espalhado pelas áreas de mercado aberto e empilhado à porta das casas de banho públicas. Estes espaços públicos, que têm o potencial de proporcionar actividades sociais e lúdicas, são desagradáveis e até ofensivos para os sentidos. Por vezes, as pessoas utilizam os espaços públicos para seu uso privado, como para pendurar roupa suja e salsichas para secar. Duas crianças protestaram contra as condições desordenadas e desagradáveis:

Só (não gosto) da zona do lixo e da casa de banho/.../(o cheiro) dá-me tonturas.

É (mesa de pingue-pongue ao ar livre) bastante longe e, da última vez que lá fui, estava lá um mercado. Por vezes, as pessoas que vendem coisas ocupam o espaço. Ou penduram as suas roupas na zona.

À semelhança das opiniões das crianças, os encarregados de educação não só consideram os resíduos e a sujidade desagradáveis, como também acreditam que estes prejudicam as oportunidades de atividade dos seus filhos ao ocuparem espaço físico. Além disso, do ponto de vista estético, alguns adultos consideraram que era visualmente degradante e que contribuía para a sua falta de orgulho no bairro, como se depreende de uma declaração: "Não há nenhum sítio em Pequim tão sujo como aqui". Um trabalhador migrante com uma filha de oito anos afirma que:

O ambiente não é muito bom, não há espaço. Não há um sítio específico para brincar.

O parque de exercícios (para os idosos) é ocupado pelo mercado à noite. Há lá muita gente. É demasiado movimentado e confuso.

Tópico 2: Segurança

A política chinesa do filho único permite que os residentes nas cidades tenham um filho e os residentes nas zonas rurais tenham dois, sem qualquer penalização. A maioria dos pais, tanto migrantes como residentes locais, tinha um filho. Os pais partilharam que o facto de terem apenas um filho influencia muito a forma como são pais e desempenham o seu papel de protectores. Estão atentos ao risco de danos na vizinhança. Em geral, os cuidadores têm mais preocupações com a segurança do que as crianças. Muitos dos pais identificaram mais do que uma área ou fator perigoso no ambiente do bairro, enquanto a maioria das crianças apenas identificou um. As preocupações dos adultos com a segurança influenciaram grandemente o nível e o tipo de restrições que impuseram às crianças.

Todos os prestadores de cuidados tinham regras sobre o nível de supervisão necessário para as actividades das crianças ou sobre os locais onde as crianças podiam ir. Quando questionados sobre os locais na vizinhança onde não permitiriam que os seus filhos brincassem, cerca de metade mencionou estradas com carros, seguidas de locais longe de casa e locais com muitos estranhos. Assim, estas respostas reflectiam as zonas que consideravam perigosas (ver Quadro 7).

As preocupações com a segurança das crianças e dos prestadores de cuidados influenciaram e muitas vezes ditaram o tipo de atividade física que as crianças praticavam e o local onde essas actividades se realizavam. Apenas 19% (n=5) de 27 (faltando n=1) das crianças e 23% (n=6) de todos os adultos referiram não ter qualquer perceção de áreas perigosas na vizinhança, o que indica que a maioria deles tinha algum problema com a segurança. De um modo geral, as conclusões relativas às questões de segurança referiam-se ou ao medo de "danos acidentais" *(ou seja,* acidentes ou ferimentos), que enfatizavam factores do ambiente físico, ou ao medo de "danos deliberados" (*ou seja*, rapto ou agressão), que se relacionavam mais com questões sociais.

Tema 4: Medo de danos acidentais

As preocupações dos adultos relativamente a danos acidentais estavam sobretudo relacionadas com acidentes graves envolvendo automóveis. No entanto, apenas algumas crianças estavam preocupadas com os automóveis; algumas delas referiram que as ruas largas eram a área mais visitada e preferida para brincar. As crianças estavam preocupadas com ferimentos ligeiros provocados por ruas estreitas ou mal geridas e por estaleiros de construção.

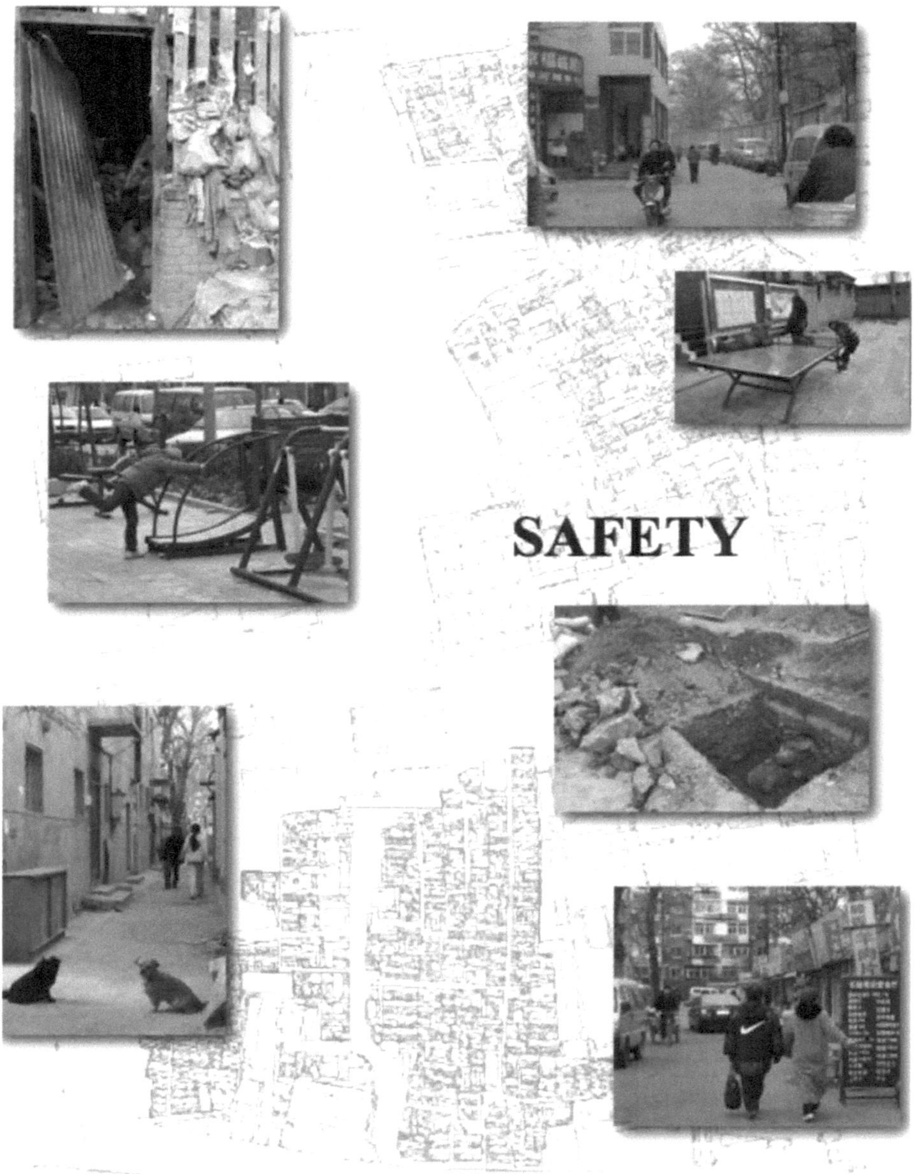

Lesões no ambiente físico

O desperdício e a construção não só diminuem a quantidade de espaço utilizável e reduzem a disponibilidade de espaço aberto para a atividade física, como também aumentam o risco de lesões. Além disso, os caminhos estreitos e as estradas mal geridas causaram pequenos acidentes a algumas crianças. Alguns prestadores de cuidados estavam preocupados com o facto de as máquinas do parque de exercício destinadas aos idosos serem inadequadas para as crianças, aumentando assim o risco de lesões. Um pai de um rapaz de oito anos partilhou a sua inquietação:

As crianças não fazem exercício suficiente, mas tenho medo de o deixar brincar aqui. Tal como no parque de manutenção, ele pode magoar-se com o equipamento. O equipamento aqui não é adequado para crianças da idade dele.

Ameaça dos automóveis

Dos 20 prestadores de cuidados que mencionaram pelo menos uma área perigosa na vizinhança, 95% dos pais afirmaram que as estradas com carros eram perigosas, enquanto apenas 38% das 21 crianças com preocupações de segurança indicaram que as estradas eram perigosas. Muitos encarregados de educação afirmaram que as estradas eram a principal razão pela qual restringiam os locais de brincadeira dos seus filhos.

Se os parques estivessem apenas a 10 minutos de distância, sentir-me-ia melhor. Não é que ela não consiga encontrar parques, mas há carros. Por isso, em média, só vamos (aos parques) durante o fim de semana. Aqui à volta, não há espaço. Ela vai ao parque de exercício (idosos), mas é bastante longe... e há lá muitos carros todos os dias.

Infelizmente, para visitar qualquer um dos três grandes parques da cidade a uma curta distância do bairro, as crianças são obrigadas a atravessar estradas com várias faixas de rodagem. Este facto impede que algumas crianças mais velhas tenham autorização para os visitar sem a supervisão de um adulto. Além disso, muitas crianças mencionaram equipamento de exercício com rodas, como skates, trotinetas e bicicletas, que preferem utilizar em ruas e estradas pavimentadas em vez de vielas estreitas. Por razões de segurança, os pais preocupados queriam uma ciclovia.

Tema 5: Medo de sofrer danos deliberados

A preocupação dos adultos relativamente a danos deliberados estava principalmente relacionada com o seu receio de rapto. Em contrapartida, muito poucas crianças mencionaram o medo de serem raptadas.

Em vez disso, alguns tinham receios gerais de danos sociais, tais como serem abordados por adultos, mordidos por cães ou atacados por "coisas" no escuro.

Danos sociais gerais

Apenas um quarto das crianças estava preocupado com danos sociais. As crianças descreveram que evitavam zonas por causa de uma situação específica, como um homem embriagado, um vizinho mau ou esconderem-se dos seguranças quando invadiam uma propriedade. Em contrapartida, os adultos tendem a ter um receio generalizado de que as crianças brinquem no meio de multidões com muitos estranhos. Uma mãe ilustra uma atmosfera desconfortável:

> O parque de estacionamento junto ao mercado/.../há lá muitos carros todos os dias. Também há muita gente/.../não se sente segurança. A criança pode ser atropelada por um carro ou alguém pode bater-lhe.

Algumas crianças referiram ter medo de cães e não queriam brincar perto deles. Uma criança comentou que "há demasiados cães vadios aqui". No entanto, algumas crianças que tinham cães como animais de estimação gostavam de brincar e correr com eles, o que promovia a atividade física. Alguns adultos comentaram o facto de os seus filhos terem medo de cães. No entanto, nenhum deles expressou preocupação de que os cães fizessem mal aos seus filhos. Para além disso, algumas crianças tinham medo do escuro, especialmente de becos escuros. Os seus medos tendem a ser indefinidos, mas alguns mencionaram ser magoados por pessoas ou "coisas" imaginárias. Visitar a casa de banho à noite era enervante para um rapaz.

> Tenho medo quando vou à casa de banho no beco. Pode estar escuro. Há uma (casa de banho) para três casas. Às vezes têm luz, outras vezes não. Durante o verão não tenho medo, mas no inverno/.../escurece mais cedo.

Alguns adultos referiram que permitiam que os seus filhos brincassem no exterior depois de escurecer, mas não se referiram ao medo que as crianças têm do escuro; nenhuma das crianças protestou contra esta restrição.

Rapto

Os prestadores de cuidados descreveram três situações que, na sua opinião, aumentam o risco de rapto das crianças: locais com muita gente, com estranhos (o que dificulta a vigilância), locais com pessoas duvidosas *(por exemplo,* cibercafés) e locais longe de casa. Ironicamente, algumas crianças disseram que os locais com muita gente proporcionam uma sensação de segurança; uma rapariga especificou que a multidão no mercado a fazia sentir-se segura para brincar sozinha. Muitos dos pais receavam o risco de os seus filhos serem raptados quando brincavam ao ar livre, o que influenciava o seu nível de supervisão.

Estas crianças, ninguém as deixa sozinhas. Agora são todas vigiadas. Todos nós temos um filho, quem é que se sentiria seguro para o deixar sem supervisão?

Aqui há menos crianças/.../cada criança é preciosa, agarramo-nos a ela com força. Quem é que as vai soltar/.../não é como na aldeia, onde se pode ter dois filhos.

Contrariamente aos sentimentos dos pais, apenas um rapaz de sete anos manifestou o receio de ser raptado quando lhe perguntaram por que razão não se sentia seguro a brincar sozinho:

Para o caso de não ver um carro, ou se alguém vier e me levar.

Quarenta e quatro por cento (n=11; n=1 em falta) dos pais não permitiam que os seus filhos brincassem sozinhos sem amigos ou sem a supervisão de um adulto. Embora cerca de metade dos prestadores de cuidados permitisse que os seus filhos brincassem sozinhos, todas as crianças tinham algum nível de restrição quanto ao local onde podiam brincar. Por outro lado, 70% (n=18; n=1 em falta) das crianças referiram que se sentiriam seguras a brincar sozinhas, o que pode indicar um sentimento de segurança no seu ambiente

CAPÍTULO 6. DEBATE

Este estudo sugere que o ambiente de um bairro de baixos rendimentos em Pequim coloca desafios à atividade física das crianças. Embora existissem caraterísticas do bairro que apoiavam a atividade física das crianças, as percepções e atitudes gerais das crianças e dos prestadores de cuidados referiam-se ao facto de o seu ambiente físico e social não ter os espaços abertos disponíveis, acessíveis e adequados que desejavam e de impedir a atividade física das crianças, contribuindo para os seus receios de lesões acidentais e danos sociais.

Alguns poderão argumentar que este estudo é paralelo ao trabalho de outros que escreveram sobre os efeitos do ambiente urbano nas crianças dos bairros de baixos rendimentos. No entanto, tal como é comprovado pelo modelo ecológico, os factores sociais gerais que moldam o ambiente do bairro e a vida das pessoas num país em desenvolvimento, e especificamente na China, são diferentes dos de um país desenvolvido. Embora exista um volume crescente de literatura sobre a influência do ambiente urbano na atividade física das crianças nos países desenvolvidos, parece não haver nenhum texto em inglês sobre a China e, se houver algum, é limitado no que diz respeito aos países em desenvolvimento; a razão pode ser reflexo dos problemas de saúde prevalecentes relacionados com a inatividade física nos países ocidentais. Além disso, uma vez que os estudos disponíveis são maioritariamente quantitativos, este estudo pode preencher uma lacuna importante na literatura inglesa.

6.1 Espaço aberto

A falta de espaços abertos para brincar e socializar na vizinhança foi um tema central para as crianças e os prestadores de cuidados. A sua perspetiva de que a acessibilidade a espaços abertos era importante para apoiar a atividade física das crianças está bem documentada na literatura (Davison & Lawson, 2006:3; Roemmich et al, 2006:437; Wheeler et al, 2010:151). Embora as crianças e os prestadores de cuidados tenham partilhado o seu desejo de ter mais espaços abertos, particularmente parques infantis e espaços verdes (ver Tabela 6), apenas algumas famílias têm acesso a espaços semi-privados. Os únicos espaços abertos públicos sem restrições de acesso eram dois pequenos parques de exercício concebidos para os idosos. Consequentemente, as crianças utilizaram espaços do bairro não destinados a brincadeiras, como parques de estacionamento, estradas ou pátios de repartições públicas.

Quando as crianças não estão a brincar no seu bairro, brincam em parques adjacentes, parques infantis e instalações desportivas de grandes instituições. Os prestadores de cuidados também apreciaram o facto de existirem muitos parques na zona, dois dos quais eram parques urbanos de renome mundial, considerados como estando a uma distância que pode ser percorrida a pé (no espaço de 30 minutos). Uma vez que estes espaços eram fechados e tinham restrições de acesso ou taxas de entrada, obter acesso numa base consistente era por vezes um desafio (ver figura 2). Os estudos mostraram que a disponibilidade e a acessibilidade dos espaços abertos nos bairros de baixos rendimentos são frequentemente afectadas por factores sociais. Sugerem que a disponibilidade de espaço pode não indicar a acessibilidade e a oferta de espaços de qualidade para brincar (Crawford et al, 2008; Ellaway et al, 2010; Timperio et al, 2007:335). Da mesma forma, as crianças partilharam que o acesso a parques públicos, parques infantis ou instalações desportivas era frequentemente restringido por uma taxa de entrada, um cartão de acesso ou vigiado por seguranças. A acessibilidade dependia da sua relação com os porteiros, de terem privilégios especiais ou de estarem dispostas a transgredir. Dado que o bairro estava rodeado por estradas principais com várias faixas de rodagem, os encarregados de educação não permitiam que as crianças visitassem os parques públicos para além delas sem a sua supervisão. Assim, a acessibilidade das crianças a espaços abertos dentro e à volta do seu bairro é dificultada por factores físicos e sociais. Além disso, os encarregados de educação (muitos dos quais eram trabalhadores migrantes) partilharam que a falta de tempo pessoal e as difíceis situações financeiras os impediam de levar os filhos a esses parques. Um estudo que examinou as disparidades de rendimento e o acesso aos parques afirmou que as barreiras económicas ao acesso a espaços de jogo ou recreio para as famílias em bairros de baixos rendimentos podem ser comuns (Abercrombie et al, 2008:13). Como tal, uma solução para resolver esta disparidade seria fornecer um maior número de parques de qualidade acessíveis nas comunidades de baixos rendimentos para acomodar aqueles com menos recursos (ibid, 2008:13).

A atividade física é uma atividade social muito apreciada pelas crianças. A maioria das actividades físicas de que as crianças gostavam exigia dois ou mais participantes (ver Quadro 3). Quase todas as crianças preferiam brincar com amigos ou colegas de turma. À semelhança das crianças deste estudo, Castonguay & Jutras (2009:106) explicaram que as crianças de um bairro pobre preferiam locais como o parque infantil pela sua experiência social, bem como pela estimulação física proporcionada pelas instalações. Os adultos também reconheceram a importância dos amigos na promoção das brincadeiras das crianças. Além disso, alguns deles partilhavam o desejo de interagir com os seus vizinhos e com os seus filhos. Consequentemente, a falta de espaço público, que dificultou as oportunidades para os cuidadores construírem redes sociais, resultou numa redução das oportunidades sociais e de brincadeira para os seus filhos. Franzini et al (2009:275) referiram que os ambientes sociais favoráveis na vizinhança estavam positivamente associados à atividade física das crianças. Descobriram que o relato dos adultos sobre um ambiente social forte (coesão social e redes colectivas para supervisão das crianças) tinha uma relação mais forte com o apoio à atividade física das crianças do que os factores do ambiente físico (ibid:275). Por conseguinte, a disponibilização de espaços abertos acessíveis nos bairros pode apoiar a socialização e as actividades das crianças e dos seus prestadores de cuidados.

É necessário criar espaços abertos disponíveis e acessíveis, independentemente da propriedade, que permitam às crianças entrar sem intenção de discriminar e com restrições razoáveis, nos bairros desfavorecidos, para proporcionar um espaço físico e social que apoie a atividade física das crianças. Além disso, proporcionar espaço para a socialização pode ser particularmente importante para os bairros das "aldeias urbanas" da China, caracterizados por grupos étnicos transitórios e diversificados com tempo limitado para socializar. O planeamento urbano colaborativo e o desenvolvimento de políticas serão importantes para garantir uma utilização equitativa e sustentável do espaço para as comunidades urbanas em crescimento (CEH & Tester, 2009:1597; Abercrombie et al, 2008:13).

A disponibilidade (disposições) do ambiente físico do bairro para promover a atividade física das crianças era limitada. Para além dos desafios de viver num bairro de elevada densidade populacional, as crianças e os prestadores de cuidados descreveram que a disponibilidade de espaços acessíveis, como estradas, pátios e instalações para exercício físico, era baixa. Embora estas áreas tivessem potencial para apoiar as brincadeiras, estavam muitas vezes cheias de lixo ou detritos de construção; estas condições dissuadiam as crianças ou eram consideradas inseguras pelos prestadores de cuidados. É interessante notar que as questões de acessibilidade estão relacionadas com os conceitos de acessibilidade do espaço e de segurança. Por outras palavras, para que um ambiente tenha uma elevada acessibilidade para a atividade física, deve ter um espaço de jogo adequado/apropriado e ser considerado um ambiente seguro. Ao abordar os problemas de conceção urbana do ambiente físico, é possível promover a acessibilidade do espaço e atenuar as preocupações com a segurança.

No seu conjunto, as entrevistas e os desenhos das crianças revelaram que as áreas do ambiente físico que careciam de acessibilidade eram a superfície do solo, as instalações para actividades físicas e as infra-estruturas. Uma vez que as crianças se dedicam a uma variedade de actividades que requerem o apoio de diferentes superfícies, tais como áreas macias sob o equipamento do parque infantil ou superfícies lisas para os skates, a abundância de caminhos e superfícies de betão não era propícia a certas actividades. Além disso, passam uma grande parte do seu tempo nas ruas e nos becos. Comparável a muitas das experiências das crianças (com idades entre os 7 e os 12 anos) num estudo sobre a apreciação do espaço exterior num bairro pobre, uma descoberta surpreendente foi o facto de as ruas e os becos serem considerados como tendo um elevado valor, ao contrário de outros estudos. Parece que as crianças de zonas desfavorecidas têm mais probabilidades de brincar no seu bairro do que as crianças de zonas mais ricas. Como tal, as ruas e os becos podem ser um recurso importante para actividades perto de casa (Castonguay & Jutras, 2009:108). Isto indica que a manutenção das ruas do bairro e a disponibilização de uma variedade de superfícies de solo pode ser uma solução de projeto simples para apoiar as brincadeiras.

Os únicos espaços públicos do bairro eram duas instalações de atividade física destinadas aos idosos. Embora quase todas as crianças brincassem na área do parque de exercício e algumas gostassem das máquinas, também se queixavam de que era aborrecido ou não era adequado à idade. O facto de os avós, especialmente numa comunidade chinesa de migrantes, desempenharem um papel importante na prestação de cuidados, parece vantajoso integrar os parques infantis com os parques de exercício para os idosos (Xu & Minca, 2008:299, Jiang et al, 2006:10).

6.2 Segurança

Sendo um bairro de "aldeia urbana" transitório, a renovação e construção de novos edifícios para acomodar o aumento da população migrante resultou em locais potencialmente perigosos que são facilmente acessíveis às crianças. Consequentemente, algumas crianças e pessoas que cuidam delas mencionaram estas áreas como perigosas e fora dos limites. Além disso, quando solicitados a indicar ambientes perigosos na vizinhança, os adultos e as crianças mencionaram "zonas sujas ou desarrumadas" e "construção" (ver Quadro 7). Uma das perturbações físicas mais evidentes do ambiente é a má gestão dos resíduos. À semelhança das opiniões das crianças, os encarregados de educação consideram que a sujidade é visualmente degradante e contribui para a sua falta de orgulho no bairro. Numa análise de Davison & Lawson (2006:12) sobre o ambiente construído e a atividade física das crianças, alguns estudos sugerem que as "desordens" (ou seja, lixo, graffiti) estão associadas a níveis mais baixos de atividade física. No entanto, um relatório sugere que a falta de arrumação geral pode não ser um forte obstáculo à atividade física. No entanto, para além da influência na atividade física, as crianças e os prestadores de cuidados vêem estas desordens como uma questão de segurança.

As áreas identificadas como perigosas por 95% dos prestadores de cuidados foi a estrada, por receio de acidentes de viação, enquanto apenas 38% das 21 crianças tinham esta preocupação, o que era esperado, uma vez que algumas crianças praticam actividades na estrada. Com base numa revisão da literatura sobre a segurança no bairro e a atividade física das crianças, estudos de vários países revelaram preocupações semelhantes sobre a segurança rodoviária entre os pais, com alguns estudos a indicarem uma associação negativa com a atividade física das crianças (Carver et al, 2010:220). Por outro lado, as preocupações com a segurança rodoviária entre os jovens foram inconclusivas, com alguns estudos a não indicarem qualquer associação entre a perceção dos medos e o nível de atividade física (ibid:221). A comparação mais marcante da revisão foi a segurança rodoviária entre crianças e cuidadores, que relatou que ambos têm claramente preocupações com a estrada. No entanto, foi a perceção dos pais do perigo da estrada que resultou na restrição da mobilidade das crianças. Da mesma forma, os cuidadores deste estudo expressaram restrições semelhantes em relação aos seus filhos (ibid:222). Foram documentadas várias intervenções, desde a educação, políticas, regulamentos e projectos de desenho urbano, para resolver esta preocupação generalizada. Relativamente ao bairro deste estudo, alguns encarregados de educação queixaram-se das ruas com várias faixas de rodagem que os rodeavam e os separavam dos grandes parques da cidade. A colocação de semáforos para peões ou de passagens superiores para evitar completamente a travessia podem ser soluções viáveis (ibid:223).

Cerca de 30% dos pais identificaram áreas de perigo como estando relacionadas com danos deliberados por parte de estranhos. Em contrapartida, apenas algumas crianças manifestaram preocupação com estranhos. Esta constatação parece concordar, em parte, com o trabalho de Carver, Timperio e Crawford (2008:220) que refere que a preocupação dos pais com estranhos é maior do que a das crianças. Embora os pais chineses não sejam diferentes de qualquer outro prestador de cuidados bem-intencionado quando se trata de proteger e querer o melhor para os seus filhos, manifestam alguma ansiedade devido a decisões do contexto do macrossistema que não são discutidas ou faladas noutras culturas. Por exemplo, os dados deste estudo sugerem que uma fonte de preocupação dos prestadores de cuidados resulta da adesão à política do filho único da China. Embora as declarações sobre esta política não sejam críticas em relação à mesma, sugerem que as decisões dos prestadores de cuidados de permitir que os seus filhos participem em actividades físicas é um processo de pensamento consciente e deliberado, uma vez que a maioria dos prestadores de cuidados tem apenas um filho. Os prestadores de cuidados partilharam a importância da sobrevivência e prosperidade dos seus filhos como parte do seu legado e segurança familiar. Esta constatação realça a forte influência que esta política tem nas decisões dos pais sobre a atividade física dos seus filhos. É necessário realizar mais investigação sobre como lidar com as suas ansiedades, o que está para além do âmbito deste documento.

6.3 Limitações

Este estudo teve algumas limitações. A dimensão da amostra era pequena e não era generalizável a outros contextos. É de salientar que este estudo e os temas nele identificados constituem um excelente estudo-piloto, que poderia ser alargado para ter um âmbito mais generalizável. Devido a restrições orçamentais e de tempo, o estudo também não pôde explorar plenamente outros temas que surgiram através da análise dos dados. Espera-se que seja possível dedicar mais tempo e recursos a esses temas (ou seja, estigmatização e isolamento social, sentimento de pertença e transitoriedade). Recomenda-se a realização de mais investigação prospetiva de modo a criar modelos que forneçam uma imagem mais abrangente dos desafios enfrentados pelas crianças e suas famílias que vivem em bairros de baixos rendimentos na China.

CAPÍTULO 7. CONCLUSÃO

A investigação demonstrou que as crianças geralmente gostam de brincar ativamente e de fazer exercício de várias formas organizadas e não organizadas, o que requer uma quantidade adequada de espaço para satisfazer as suas necessidades de brincar e socializar dentro dos limites do seu bairro. Não é surpreendente que as crianças que vivem num bairro de baixos rendimentos sejam confrontadas com muitos factores no seu ambiente social e físico que constituem barreiras às brincadeiras e ao exercício ao ar livre. Embora as crianças sejam engenhosas e criativas na descoberta de oportunidades para brincar no seu ambiente, elas precisam e desejam locais perto de casa que permitam uma exploração segura e estimulante. O que as crianças e os prestadores de cuidados partilharam sobre a falta de espaços abertos e as preocupações com a segurança na sua vizinhança pode acrescentar uma visão valiosa à escassa literatura sobre a experiência das crianças em locais com poucos recursos, particularmente no contexto da China. A rápida urbanização, associada a uma expansão descontrolada, criou desafios na paisagem física e social da China. A "aldeia urbana", sendo uma mistura do antigo e do novo, reflecte visivelmente este fluxo. Uma vez que o ambiente das crianças influencia significativamente o nível e a qualidade da sua atividade física, é ainda mais crucial que lhes seja dada a oportunidade de partilhar e ensinar o que precisam e desejam do seu ambiente. O facto de as crianças que vivem em ambientes urbanos com baixos rendimentos serem frequentemente confrontadas com espaço limitado e factores sociais que ditam um estilo de vida sedentário coloca desafios aos que trabalham para atenuar o aumento dos problemas de saúde nesta população. As conclusões e recomendações, tanto do ponto de vista do planeamento urbano como da saúde pública, podem orientar o planeamento futuro e as políticas sociais para promover as brincadeiras e actividades ao ar livre, essenciais para o desenvolvimento das crianças em bairros vulneráveis.

REFERÊNCIAS

Abercrombie, L.C., Sallis, J.F., Conway, T.L., Frank, L.D., Saelens, B.E. & Chapman, J.E., 2008, Income and racial disparities in access to public parks and private recreation facilities, *American Journal of Preventive Medicine,* 34(1), pp. 9-15.

American Planning Association (APA), 2006, Planning and Urban Design Standards, Wiley and Son.

Bartlett, S., 2002, Building better cities with children and youth, *Environment and Urbanization*, 14(2), pp. 3-10.

Beijing Neighbourhood Map, Scale 1:25000 (data desconhecida, acesso em 10 de março de 2011), Governo Municipal de Pequim, China.

Gabinete de Saúde de Pequim (BHB) (no prelo) Beijing Municipal Health Bureau Report 2008: Direção Municipal de Saúde de Pequim. p 1-74.

Berk, L.E. 2000. *Child Development* (5ª ed.) Boston: Allyn and Bacon,

Boarnet & Vlahov 2005, Handbook of urban health : populations, methods, and practice , in *Bridging the Gap between Urban Health and Urban Planning,* Springer Science & Business, New York , p. 379.

Bronfenbrenner, U. 1994, International encyclopedia of education, em *Ecological Models of Human Development,* Elsevier, Oxford, pp. 37-43.

Bryman, A., 2004, *Social Research Methods,* Oxford, Oxford University Press.

Carver, A., Timperio, A. & Crawford, D., 2008, Playing it safe: The influence of neighbourhood safety on children's physical activity--A review, *Health & place,* 14(2), pp. 217 - 227.

Carver, A., Timperio, A., Hesketh, K. & Crawford, D., 2010, Are children and adolescents less active if parents restrict their physical activity and active transport due to perceived risk? *Social Science & Medicine,* 70(11), pp. 1799-805.

Castonguay, G. & Jutras, S., 2009, Children's appreciation of outdoor places in a poor neighborhood, *Journal of Environmental Psychology,* 29(1), pp. 101 - 109.

Chawla, L., 2002, Insight, creativity and thoughts on the environment": integrating children and youth into human settlement development, *Environment and Urbanization,* 14(2), pp. 11-22.

Cheng, T.O., 2004, Childhood obesity in China, *Health & Place,* 10(4), pp. 395 - 396.

Creswell, J.W., 1998, *Qualitative inquiry & research design : Choosing Among Five Approaches ,* Sage Publications, Thousand Oaks.

Crawford, D., Timperio, A., Giles-Corti, B., Ball, K., Hume, C., Roberts, R., Andrianopoulos, N. & Salmon, J., 2008, Do features of public open spaces vary according to neighbourhood socio-economic status? *Health & Place,* 14(4), pp. 889 - 893.

Comité de Saúde Ambiental (CEH) & Tester, J.M., 2009, The built environment: designing communities to promote physical activity in children, *Pediatrics*, 123(6), pp. 1591-8.

Cosco, N.G., Moore, R.C. & Islam, M.Z., 2010, Behavior mapping: a method for linking preschool physical activity and outdoor design, *Medicine and science in sports and exercise*, 42(3), pp. 513-9.

Davison, K.K. & Lawson, C.T., 2006, Do attributes in the physical environment influence children's physical activity? A review of the literature, *The International Journal of Behavioral Nutrition and Physical Activity*, 3, p. 19.

Dwyer, G.M., Higgs, J., Hardy, L.L. & Baur, L.A., 2008, What do parents and preschool staff tell us about young children's physical activity: a qualitative study, *The international journal of behavioral nutrition and physical activity,* 5, p. 66-78

Ellaway, A., Kirk, A., Macintyre, S. & Mutrie, N., 2007, Nowhere to play? The relationship between the location of outdoor play areas and deprivation in Glasgow, *Health & Place*, 13(2), pp. 557 - 561.

Floriani, V. & Kennedy, C., 2008, Promotion of physical activity in children, *Current Opinion in Pediatrics,* 20(1), pp. 90-5.

Floyd, M.F., Spengler, J.O., Maddock, J.E., Gobster, P.H. & Suau, L.J. (2008) Park-Based Physical Activity in Diverse Communities of Two U.S. Cities: An Observational Study, *American Journal of Preventive Medicine,* 34(4), pp. 299 - 305.

Franzini, L., Elliott, M.N., Cuccaro, P., Schuster, M., Gilliland, M.J., Grunbaum, J.A., Franklin, F. & Tortolero, S.R., 2009, Influences of physical and social neighborhood environments on children's physical activity and obesity, *American Journal of Public Health,* 99(2), pp. 271-8.

Galea, S. & Vlahov, D. 2005, Handbook of urban health: populations, methods, and practice , in Galea, S. & Vlahov, D., (eds) *Urban Health: Population, Methods, and Practice,* Springer Science & Business, Nova Iorque , pp. 1-9

Gilliland, J., Holmes, M., Irwin, J.D. & Tucker, P., 2006, Environmental equity is child's play: Mapping public provision of recreation opportunities in urban neighbourhoods, *Vulnerable Children and Youth Studies*, 1(3), pp. 256-68.

Goldstein, B.G., 1981, The ecology of J.J. Gibson's perception, *Leonardo,* 14(3), pp. 191-5.

Graneheim, U.H. & Lundman, B., 2004, Qualitative content analysis in nursing research: concepts, procedures and measures to achieve trustworthiness, *Nurse Education Today*, 24(2), pp. 105-12.

Guest, G., Bunce, A. & Johnson, L., 2006, How many interviews are enough? An experiment with data saturation and variability, *Field Methods,* 18(1), pp. 59-82.

He, S., Wu, F., Webster, C. & Liu, Y., 2010, Poverty concentration and determinants in China's urban low-income neighbourhoods and social groups, *International Journal of Urban and Regional Research*, 34(2), pp. 328-49.

Holt, N.L., Cunningham, C.-T., Sehn, Z.L., Spence, J.C., Newton, A.S. & Ball, G.D., 2009, Neighborhood physical activity opportunities for inner-city children and youth, *Health & Place*, 15(4), pp. 1022 - 1028.

Hornberg, C. & Pauli, A., 2007, Child poverty and environmental justice, *International Journal of Hygiene and Environmental Health,* 210(5), pp. 571 - 580.

Hume, C., Jorna, M., Arundell, L., Saunders, J., Crawford, D. & Salmon, J., 2009, Are children's perceptions of neighbourhood social environments associated with their walking and physical activity? *Journal of Science and Medicine in sport / Sports Medicine Australia,* 12(6), pp. 637 - 641.

Hume, Salmon & Ball, 2005, Children's perceptions of their home and neighborhood environments, and their association with objectively measured physical activity: a qualitative and quantitative study, *Health Education Research*, 20(1), pp. 1-13.

Jiang, J., Rosenqvist, U., Wang, H., Breiner, G., e Ma, Y., Toschke, A., 2006, Risk factors for overweight in 2- to 6-year-old children in Beijing, *China* Vol. 1, No. 2 , pp. 103-108

Jones, A.P., Sluijs, E.M.V., Ness, A.R., Haynes, R. & Riddoch, C.J., 2010, Physical activity in children: Does how we define neighbourhood matter? *Health & Place,* 16(2), pp. 236 - 241.

Kvale, S., 1996, Interviews: *An Introduction to Qualitative Research Interviewing,* EUA: Sage Publications.

Kytta, M., 2004, The extent of children's independent mobility and the number of actualized affordances as criteria for child-friendly environments, *Journal of Environmental Psychology,* 24, pp. 179-98.

Li, F., Wang, R., Paulussen, J. & Liu, X., 2005, Comprehensive concept planning of urban greening based on ecological principles: a case study in Beijing, China, *Landscape and Urban Planning*, 72, pp. 325-36.

Loprinzi, P.D. & Trost, S.G., 2010, Parental influences on physical activity behavior in preschool children, *Preventive Medicine*, 50(3), pp. 129-33

McAlister, A., Perry, Cl, Parcel, G., 2008, How Individuals, Environments and Health Behavior Interact, in *Health Behavior and Health Education*, San Francisco, pp. 167-188.

McKenzie, T & Cohen, D., 2006, System for Observing Play and Leisure Activity in Youth (SOPLAY) [em linha] Disponível em: http://www.activelivingresearch.org/node/10642 (acesso em 14 de dezembro de 2010).

Miles, M.B. & Huberman, A.M., 1994, *Qualitative Data Analysis* 2nd ed. Sage , Thousand Oaks.

Min, B. & Lee, J., 2006, Children's neighborhood place as a psychological and behavioral domain, *Journal of Environmental Psychology,* 26(1), pp. 51 - 71.

Montagno, D., & Kasprzyk, D., 2008, Theory of reasoned action, theory of planned behavior, and he integrated behavioral model in *Health Behavior and Health Education,* San Francisco, pp. 67-92.

Gabinete Nacional de Estatística da China (NBSC), 2011 Comunicado do Gabinete Nacional de Estatística da República Popular da China sobre os principais números do Censo Populacional de 2010 (em linha) Disponível em:

http://www.stats.gov.cn/english/newsandcomingevents/t20110429 402722516.htm [Acedido em 17 de maio de 2010]

Parke, R. & Clarke-Stewart, A., 2011, *Social Development,* John Wiley and Sons,

EUA.

Pearce, A., Kirk, C., Cummins, S., Collins, M., Elliman, D., Connolly, A.M. & Law, C., 2009, Gaining children's perspectives: A multiple method approach to explore environmental influences on healthy eating and physical activity, *Health & Place,* 15(2), pp. 614 - 621

Roemmich, J.N., Epstein, L.H., Raja, S., Yin, L., Robinson, J. & Winiewicz, D., 2006, Association of access to parks and recreational facilities with the physical activity of young children, *Preventive Medicine,* 43(6), pp. 437-41

Sallis, J.F., 2009, Measuring physical activity environments: a brief history, *American Journal of Preventive Medicine*, 36(4 Suppl), pp. S86-92.

Sallis, J.F., Owen, N. & Fisher, E.B. 2008, Health Behavior and Health Education: Theory, Research and Practice, em *Ecological Models of Health Behavior,* São Francisco, pp. 465-82.

Siedman, I. 2006, *Interviewing as Qualitative Research: a Guide for Researchers in Education and the Social Sciences,* 3ª ed. Teachers College, Columbia University.

Silverman, D. 2005, Doing Qualitative Research, Londres, Sage.

Stokols, D., 2006, Toward a science of transdisciplinary action research, *American Journal of Community Psychology,* 38(1-2), pp. 63-77.

Strauss, A, Corbin, J. 1999, Grounded theory methodology: Uma visão geral. In: Bryman, A, Burgess, R, editores. *Qualitative Research* . Londres; Thousand Oaks, Califórnia. SAGE p. 72-93.

Timperio, A., Ball, K., Salmon, J., Roberts, R. & Crawford, D., 2007, Is availability of public open space equitable across areas? *Health & Place,* 13(2), pp. 335 - 340.

Trost, S.G., Sallis, J.F., Pate, R.R., Freedson, P.S., Taylor, W.C. & Dowda, M., 2003, Evaluating a model of parental influence on youth physical activity, *American Journal of Preventive Medicine*, 25(4), pp. 277-82.

UN Population (UNPOP), 2008, An overview of urbanization, internal migration, population distribution and development in the world, Economic, U.N.D.O. & Division, S.A.P., *UN Population Division.*

Valentine, G. & McKendrck, J., 1997, Children's outdoor play: Exploring parental concerns about children's safety and the changing nature of childhood, , 28(2), pp. 219 - 235.

Veitch, J., Bagley, S., Ball, K. & Salmon, J., 2006, Where do children usually play? *A* qualitative study of parents' perceptions of influences on children's active free-play, *Health & Place*, 12(4), pp. 383 - 393.

Veitch, J., Salmon, J. & Ball, K., 2010, Individual, social and physical environmental correlates of children's active free-play: a cross-sectional study, *The International Journal of Behavioral Nutrition and Physical Activity*, 7, p. 11.

Wen, M., Fan, J., Jin, L. & Wang, G., 2010, Neighborhood effects on health among migrants and natives in Shanghai, *Health & Place*, 16(3), pp. 452 - 460.

Wheeler, B.W., Cooper, A.R., Page, A.S. & Jago, R., 2010, Greenspace and children's physical activity: a GPS/GIS analysis of the PEACH project, *Preventive Medicine,* 51(2), pp. 148-52.

Willenberg, L.J., Ashbolt, R., Holland, D., Gibbs, L., MacDougall, C., Garrard, J., Green, J.B. & Waters, E., 2010, Increasing school playground physical activity: A mixed methods study combining environmental measures and children's perspectives, *Journal of science and medicine in sport I Sports Medicine Australia,* 13(2), pp. 210 - 216.

Organização Mundial de Saúde (OMS), 2011, Childhood Overweight and Obesity (Online) Disponível em: http://www.who.int/dietphysicalactivity/childhood/en/ [Acedido em 15 de maio de 2011]

Organização Mundial de Saúde (OMS), 2010, Global Recommendations on Physical Activity for Health (Online) Disponível em: http://www.who.int/dietphysicalactivity/factsheet young people/en/index.ht ml [Acedido em 15 de maio de 2010]

Xu, H., & Minca, E., 2008, How Chinese Children Spend Their Time. *Demografia Aplicada no Século XXI,* Capítulo 18, pp. 299-334

APÊNDICE

Tabela 1. Distribuição espacial dos participantes nas entrevistas nos bairros (NH) A e B, 2010-2011

Localização em NH*	NH A	NH B	Participante
Cuidador			
NW	3	1	
NE	6	1	
SW	3	6	
SE	1	3	
Em falta	1	1	
Total do prestador de cuidados	n=14	n=12	n=26
Crianças			
NW	1	5	
NE	2	2	
SW	3	9	
SE	1	5	
Desaparecido	0	0	
Total de crianças	n=7	n=21	n=28
Total de participantes	**n=21**	**n=33**	**n=54**

* Locais para amostragem de entrevistas em quatro quadrantes de cada NH. N=Norte E=Leste S=Sul W=Oeste

Tabela 2. Distribuição dos participantes nas entrevistas e nos grupos de discussão nos bairros (NH) A e B, 2010-2011

Entrevistas	NH A	NH B	Total de participantes
Cuidador			
Masculino	6	5	11
Feminino	8	7	15
Total de prestadores de cuidados	n=14	n=12	n=26
Crianças			
Masculino	3	13	16
Feminino	4	8	12
Total de crianças	n=7	n=21	n=28
Total de entrevistas	n=21	n=33	n=54
Grupos de discussão	**NH A**	**NH B**	**Total de participantes**
Crianças			
Masculino	6	9	15
Feminino	7	4	11
Total de grupos de discussão	n=13	n=13	n=26
Todos os participantes	**n=34**	**n=46**	**n=80**

Tabela 3. Tipo de atividade física das crianças, sociabilidade e localização, 2010-2011

Activity Types*	Sociability		Within Neighbourhood				Adjacent to Neighbourhood			Other	
	Self	Group	Front of Home	Court -yard	Road	Exercise Park	Play- ground	Private^ Space	City^ Park	School	Beijing Area**
Adult exercise park	x	x				x					
Amusement park		x							x		x
Badminton		x		x							
Basketball		x		x							
Biking	x	x		x	x						
Chasing game	x	x	x	x	x	x	x	x	x	x	
Climb walls	x										x
Dance	x	x		x							x
Draw	x		x	x						x	
Enjoy scenery	x	x									x
Hand ball		x								x	
Hide and seek		x	x	x	x	x				x	
Hike mountains		x							x		x
Jumping games	x	x	x	x	x					x	
Kick jian tze	x	x	x	x	x		x	x	x	x	
Kick sand bag	x	x	x	x	x					x	
People watch	x	x									x
Ping pong		x				x		x			
Play fight		x	x	x						x	
Playground	x	x					x		x		x
Play with dirt/sand	x	x		x	x						
Play with dolls	x	x		x							
Play with toys	x	x		x						x	
Playing with dog	x	x		x	x						
Random running		x	x	x	x	x	x	x	x	x	
Role play		x		x						x	
Run race		x	x							x	
Seesaw	x	x				x	x				
Shop	x	x									x
Skateboard	x	x			x		x		x		
Skip rope	x	x	x	x						x	
Slides	x	x				x	x				
Soccer		x			x					x	
Swim	x	x									x
Sword and guns		x	x	x	x						
Talk with friends		x		x	x					x	
Tennis		x						x			
Walk or stroll	x	x	x	x	x	x	x	x	x	x	
Weave basket	x		x								
Yo yo ball	x	x	x	x	x	x	x			x	
Total	**25**	**38**	**14**	**22**	**15**	9	9	6	8	17	9

*Actividades relatadas pelo menos uma vez pelas crianças durante os FGD/entrevistas. Caracterizadas pela "Sociabilidade" de quem está envolvido e onde a atividade ocorre. ** Locais que não se encontram a uma curta distância do Bairro. Para descrição do Espaço Privado (ou Semi-Privado) e do Parque da Cidade, ver Tabela 5.

Tabela 4. Actividades Físicas Identificadas Mais Desejadas pelas Crianças e Encarregados de Educação Para Apoio ao Bairro, 2010-2011 (Crianças n=24, Encarregado de Educação n=16)*

Atividade (crianças)	Não.**	Percentagem^	Atividade (Cuidador)	Não.	Percentagem
Atividade no parque infantil	7	23.3	Desportos de equipa	6	31.6
Desportos de equipa	7	23.3	Jogo livre ou em grupo	5	26.3
Exercício	4	13.3	Evento de educação ao ar livre	2	10.5

Bicicleta ou skate	3	10.0	Bicicleta ou skate	1	5.3
Jogo livre ou em grupo	3	10.0	Exercício	1	5.3
Correr e perseguir	2	6.7	Jogos	1	5.3
Jogos	1	3.3	Artes marciais	1	5.3
Atividade do parque	1	3.3	Atividade do parque	1	5.3
Brincar na natureza	1	3.3	Atividade no parque infantil	1	5.3
Compras	1	3.3			
Total de sugestões	30	100	Total de sugestões	19	100

*Número de inquiridos, excluindo "sem sugestões" (crianças n=4 e prestador de cuidados n=6) e respostas em falta (crianças n=1 e prestador de cuidados n=4). O total pode ser superior ao número de inquiridos devido a uma ou mais sugestões feitas por um inquirido. **O número de respostas pode ser superior ao número de inquiridos devido a uma ou mais respostas indicadas por um inquirido ^Percentagem calculada com base nas respostas.

Tabela 5. Acessibilidade dos espaços abertos adjacentes ao bairro, 2010-2011

Etiqueta *	Espaço aberto	Propriedade	Regulamentação do espaço aberto
A	Parque universitário e instalações desportivas	Privado e Semi-Privado	Fechados e vigiados com horário de funcionamento, alguns não fechados
B	Complexo de apartamentos	Semi-privado	Fechado e sem vigilância, sem horário de funcionamento.
C	Instituição de ensino governamental	Privado e Semi-Privado	Fechado e vigiado, sem acesso; não fechado
D	Parque do Palácio de verão	Público	Taxa de entrada, com portão e guarda com horário de funcionamento
E	Parque do antigo Palácio de verão	Público	Taxa de entrada, com portão e guarda com horário de funcionamento
F	Cintura verde	Público	Fechado e não fechado e não fechado

* Corresponde à localização na Figura 2. Por ordem decrescente dos locais mais e menos visitados pelas crianças fora do bairro.

Tabela 6. Sugestões para melhorar o ambiente do bairro para a atividade física das crianças 2010-2011 (Crianças n=24, Cuidador n=16)*

Sítio (Crianças)	Não.**	Percentagem^	Local (Cuidador)	Não.	Percentagem
Parque infantil	8	25.8	Ambiente mais limpo	6	21.4
Parque	5	16.1	Parque infantil	6	21.4
Plantas e natureza	5	16.1	Plantas e natureza	4	14.3
Ambiente mais limpo	4	12.9	Melhorar as infra-estruturas	3	10.7
Instalações desportivas	4	12.9	Ciclovia	2	7.1
Parque de diversões	2	6.5	Melhorar os transportes	2	7.1
Melhores mercados	2	6.5	Espaço aberto	2	7.1
Apoiar a atividade social	1	3.2	Apoiar a atividade social	2	7.1
			Parque	1	3.6
Total de sugestões	31	100	Total de sugestões	28	100

*Número de inquiridos, excluindo "sem sugestões" (Crianças n=1 e Cuidador n=6) e respostas em falta (Crianças n=1 e

Cuidador n=4). O total pode ser superior ao número de inquiridos devido a uma ou mais sugestões feitas por um inquirido.**O número de respostas pode ser superior ao número de inquiridos devido a uma ou mais respostas indicadas por um inquirido ^**Percentagem** calculada com base nas respostas.

Tabela 7. Ambientes Perigosos na Vizinhança para a Atividade Física das Crianças, 2010-2011. (Crianças n=21, Cuidador n=21)*

Sítio (Crianças)	Não.**	Percentagem^	Locais (Cuidador)	Não.	Percentagem
Estrada com veículos	8	33.3	Estrada com veículos	19	46.3
Cães vadios	3	12.5	Zonas com muita gente	5	12.2
Construção	2	8.3	Distâncias longínquas	4	9.7
Escuro	2	8.3	Cibercafé	3	7.3
Áreas sujas ou desarrumadas	2	8.3	Rio ou lago	3	7.3
Estradas estreitas ou más	2	8.3	Estranhos	2	4.9
Rio ou lago	2	8.3	Áreas sujas ou desarrumadas	2	4.9
Média de adultos ou guardas	2	8.3	Construção	1	2.4
Infra-estruturas deficientes	1	4.2	Escuro	1	2.4
			Infra-estruturas deficientes	1	2.4
Total de sugestões	**24**	**100**	**Total de sugestões**	**41**	**100**

*Número total de inquiridos, excluindo "nenhuma zona perigosa" (crianças n=6 e cuidador n=5) e respostas em falta (crianças n=1).**O número de respostas pode ser > inquiridos devido a uma ou mais respostas indicadas por um inquirido ^ Percentagem calculada com base nas respostas.

9.4 Questionário

i) Cuidador

编号__________时间______________地点________________________________

“邻里特征及其对儿童感知及户外体力活动影响机制研究”

访谈问卷——北京市大有庄邻里儿童感知及体力活动情况调查

亲爱的朋友:

该研究受“邻里特征及其对儿童感知与户外体力活动影响机制研究”国家自然科学基金的支持，特选择北京市海淀区大有庄邻里为研究案例，旨在了解中国大城市当前“城中村”类型的居住地中儿童的活动环境质量。我们的研究结果将为政府改善这类居住地户外环境提供依据，感谢您的参与和支持！

——北京大学‘41001089’号国家自然科学基金研究组

1. 性别：☐ 女 ☐ 男

Género: feminino masculino

2. 年龄：______；

Idade

3. 您在这里住了多长时间？_____年;

Há quanto tempo vive aqui? _______ anos

4. 您有孩子/孙子（女）吗？___________________________________;

Tem filhos/netos?

5. 您一般让您的孩子在家附近哪里活动？为什么？

Em que sítio do bairro costuma deixar o seu filho brincar? Porquê?

____

____

6. 您一般不让您的孩子在家附近哪里活动？为什么？

Em que sítio do bairro é que normalmente não deixa o seu filho brincar? Porquê?

____

____

7. 当您是小孩的时候，您会在家附近哪里活动？为什么？你觉得您玩的方式和现在小孩玩的方式有什么不同？

Quando eras criança, onde brincavas? Porquê? Achas que há alguma diferença entre a forma como brincavas e a forma como as crianças brincam agora?

____

____

8. 孩子们在家活动吗？进行什么活动？

O seu filho brinca em casa? Em caso afirmativo, que actividades são realizadas em casa?

____

____

9 您在家附近会看到许多孩子吗？他们在哪里？他们都在做什么？跟谁在一起？

Vê muitas crianças no seu bairro? Onde é que elas estão? O que é que elas fazem? Com quem é que elas estão?

10. 您夏天和冬天让孩子或看见孩子在您家附近哪里活动？常做什么活动？

Onde é que deixa o seu filho brincar ou vê outras crianças a brincar neste bairro durante o verão? No inverno? O que é que elas fazem no verão e no inverno?

11. 您孩子身体如何？最近一次得病是什么时候？

Como está a saúde do seu filho? Quando é que ele/ela ficou doente pela última vez?

12. 您常带孩子去其它地方活动吗？怎样去那里？做什么活动？

Leva frequentemente o seu filho a outros locais para brincar ou fazer exercício? Como é que lá vão? Que actividades é que o seu filho faz lá?

13.您让您的孩子独自在家附近活动吗？为什么？

Deixa o seu filho brincar sozinho no seu bairro? Porquê?

14.您家附近哪里您觉得危险而不让孩子去活动?

Em que local do bairro não permite que os seus filhos se desloquem por considerar que é perigoso?

15.您觉得您的孩子要健康成长每天的活动量够吗？

Considera que as actividades físicas diárias do seu filho são suficientes para o seu crescimento saudável?

16. 您觉得您家附近的整体气氛很友好吗？

Considera que o ambiente no seu bairro é amigável?

□ 是 □ 否

SIM NÃO

17. 您希望孩子在家附近做什么样的活动？您对您家附近环境的改善有何建议？

Que actividades espera que os seus filhos realizem no seu bairro? Tem alguma sugestão para melhorar o seu bairro?

9.4 Questionário

ii) Crianças

编号__________时间______________地点________________________________

“邻里特征及其对儿童感知及户外体力活动影响机制研究”

访谈问卷——北京市大有庄邻里儿童感知及体力活动情况调查

亲爱的朋友:

该研究受“邻里特征及其对儿童感知与户外体力活动影响机制研究”国家自然科学基金的支持，特选择北京市海淀区大有庄邻里为研究案例，旨在了解中国城市居住地中儿童的活动环境质量。我们的研究结果将为改善这类居住地户外环境提供依据，感谢您的参与和支持!

——北京大学‘41001089’号国家自然科学基金研究组

1. 性别：☐ 女 ☐ 男

Género: feminino masculino

2. 您在这里住了多长时间？_____年;

Há quanto tempo vive aqui? anos

3. 您有孩子/孙子（女）吗？ ___________________________________;

Tem filhos/netos?

4. 您一般让您的孩子在家附近哪里活动？为什么？

Em que sítio do bairro costuma deixar o seu filho brincar? Porquê?

____

____

5. 您一般不让您的孩子在家附近哪里活动？为什么？ Em

que sítio do bairro é que normalmente não deixa o seu filho brincar? Porquê?

____

____

6. 如果您是孩子，您会在家附近哪里活动？为什么？

Quando eras criança, onde brincavas? Porquê?

____

____

7. 孩子们在家活动吗？进行什么活动？ O

seu filho brinca em casa? Em caso afirmativo, que actividades são realizadas em casa?

____

____

8. 您在家附近街道会看到许多孩子吗？他们都在做什么，跟谁在一起？

Vês muitas crianças nas ruas perto de tua casa? O que é que elas fazem? Com quem é que elas estão?

9. 您看到孩子们都在哪里活动？他们跟谁在一起，在做什么？

Onde é que normalmente se vêem crianças a brincar? O que é que elas fazem? Com quem é que elas estão?

10. 您夏天和冬天让孩子或看见孩子在您家附近哪里活动？常做什么活动？

Onde é que deixa o seu filho brincar ou vê outras crianças a brincar neste bairro durante o verão? No inverno? O que é que elas fazem no verão e no inverno?

11. 您孩子身体如何？最近一次得病是什么时候？

Como está a saúde do seu filho? Quando é que ele/ela ficou doente pela última vez?

12. 您常带孩子去其它地方活动吗? 怎样去那里？做什么活动？

Leva frequentemente o seu filho a outros locais para brincar ou fazer exercício? Como é que lá vão? Que actividades é que o seu filho faz lá?

13. 您让您的孩子独自在家附近活动吗？为什么？

Deixa o seu filho brincar sozinho no seu bairro? Porquê?

14. 您家附近哪里您觉得危险而不让孩子去活动？

Em que local do bairro não permite que os seus filhos se desloquem por considerar que é perigoso?

15. 你的孩子可以很方便的步行到达附近的便利店、公共交通站点、朋友家、活动设施、半自然区域吗？

O seu filho pode deslocar-se a pé para lojas, paragens de autocarro, casas de amigos, ginásios e áreas semi-naturais nas proximidades?

□很方便； □方便； □一般； □较不方便； □不方便；

Muito conveniente; conveniente; médio; inconveniente; muito inconveniente

16. 你觉得你家附近的环境对孩子来说有趣吗？

Considera que o ambiente do seu bairro é interessante para o seu filho?

□很有趣； □有趣； □一般； □没趣味； □很无聊；

Muito interessante; interessante; médio; pouco interessante; muito aborrecido

17. 你觉得你家附近的环境对孩子进行探索性的活动有利吗？

Considera que o ambiente do seu bairro é propício às actividades exploratórias das crianças?

□有利； □较有利； □一般； □不利； □十分不利；

Muito propício; propício; médio; não muito propício; nada propício

18. 你觉得你家附近的环境对孩子来说整体是危险的吗？

Considera que o ambiente do bairro é perigoso para as crianças?

□十分危险； □较危险； □一般； □较安全； □很安全；

Muito perigoso; um pouco perigoso; médio; seguro; muito seguro

19. 您觉得您的孩子要健康成长每天的活动量够吗？

Considera que as actividades físicas diárias do seu filho são suficientes para o seu crescimento saudável?

____

20. 您觉得您家附近的整体气氛很友好吗？

Considera que o ambiente no seu bairro é amigável?

□ 是 □ 否

SIM NÃO

21. 您希望孩子在家附近做什么样的活动？您对您家附近环境的改善有何建议？

Que actividades espera que os seus filhos realizem no seu bairro? Tem alguma sugestão para melhorar o seu bairro?

____

____

____

____

22. 年龄：______； 职业：______； 教育程度：______。

IDADE; PROFISSÃO; NÍVEL DE ENSINO MAIS ELEVADO ATINGIDO

Desenho 1. Desenhos das crianças sobre o bairro atual e o bairro ideal

A) Draw what your neighbourhood...

B) Draw your ideal neighbourhood...

1 A

This girl talked about living in an apartment with a courtyard where she plays. The green dot in the oval represents a small fenced lawn.

1 B

She desires that her home would be brightly decorated with butterflies. Along this road are neighbours a friends home, a playground and a small river.

2 A

This boy described his neighbourhood with various areas with toilet, garbage and one park and an open area with trees in the neighbourhood

2 B

He desires trees in between each apartment. Boxed text represent playgrounds and exercise parks at each end his street. Less roads and more organized structure characterized the difference.

Desenho 1. Continuação

3 A

This girl talked about the dirty and unpleasant environment. Garbage is everywhere, particularly on one road she walk along to school.

3 B

She desires an apartment with a parking lot, but realized she shouldn't have drew cars because they are polluting. Behind is a public park.

4 A

This boy depicts his neighbourhood as a network of roads and landmarks of houses, trees, shops and open space.

4 B

He desires to live in an apartment building with pebble roads and grass beside an amusement park. A flying machine will clean the air instead of trees because trees suck up oxygen.

MIX
Papier aus verantwortungsvollen Quellen
Paper from responsible sources
FSC® C105338

Printed by Books on Demand GmbH, Norderstedt / Germany